재미있게 함께 노는 초등과학 원리

사다리과학

사다리과학(물리·지구과학 기본편)

펴 냄 2010년 1월 10일 1판 1쇄 박음 / 2011년 12월 5일 1판 2쇄 펴냄

지은이 과학주머니

펴낸이 김철종

펴낸곳 (주)한언
        등록번호 제1−128호 / 등록일자 1983. 9. 30

주 소 서울시 마포구 신수동 63−14 구 프라자 6층(우 121−854)
        전화. 02)701−6616(대) / 팩스. 02)701−4449

책임편집 박선미

디자인 정현영, 양미정, 백은미, 김영민

홈페이지 www.haneon.com

이메일 haneon@haneon.com

ISBN 978−89−5596−558−2   63400
      978−89−5596−557−5   63400(세트)

재 미 있 게 함 께 노 는 초 등 과 학 원 리

사다리과학

과학주머니 지음

한ᄅ

엄마, 아빠께 가만히 물어보세요. 어렸을 때 할머니가 들려주는 이야기를 들어 본 적이 있냐고. 할머니는 마음속 깊이 가지고 있던 이야기 주머니에서 소중하고 재미있는 이야기를 조금씩, 조금씩 꺼내서 엄마, 아빠의 마음속에 있는 이야기 주머니에 넣어 주셨어요. 그 이야기 주머니는 엄마, 아빠뿐 아니라 우리의 마음속에도 있답니다. 이러한 이야기 주머니는 우리가 어떤 책을 읽고, 어떤 공부를 하고, 어떤 생각을 하느냐에 따라 여러 개로 나눠지기도 하고, 커지기도 하는 마법의 주머니예요.

처음 선생님이 됐을 때, 많은 고민을 했었어요. 들려주고 싶은 이야기도 많고, 가르쳐 주고 싶었던 것도 많았지만 내가 가지고 있는 주머니에서 무엇을 꺼내 주어야 할지 막막했거든요.

하지만 '과학주머니'에서 재미있는 이야기와 신기한 실험을 꺼내서 알려 줄 때마다 '우와~' 하는 아이들의 한마디에 신이 났고, 자신감을 얻었죠. 더 많이 가르쳐 주기 위해 내 과학주머니를 키웠고, 가르치는 아이들의 과학주머니를 키워 주기 위해서 노력했어요.

우리들은 누구나 마음속에 주머니가 있다고 했죠? 주머니에 어떤 내용을 넣어 주

느냐에 따라 여러 개의 주머니를 가질 수도 있고, 남들보다 더 큰 주머니를 가질 수도 있답니다. 비록 눈에 보이지는 않지만 우리가 가진 주머니는 어려운 문제를 해결하는 데 도움을 주는 현명한 거울과 빛이 될 거예요.

이 책은 선생님들이 오랜 시간 키워 온 과학주머니에 담긴 이야기를 나눠 주기 위해서 탄생했어요. 엄마, 아빠가 할머니의 이야기를 통해서 세상 보는 눈을 키우고 살아가는 데 필요한 지식과 교훈을 얻었다면, 우리는 이 책에서 들려주는 이야기를 통해 세상 보는 눈과 우리가 가진 과학주머니를 키우게 될 거예요. 비록 호랑이나 마법사가 등장하는 이야기는 아니지만, 살아가는 데 꼭 필요한 과학 이야기를 하려고 해요.

우리 주변을 둘러보면 대부분이 과학과 관련돼 있답니다. 우리 주변에서 쉽게 볼 수 있는 과학 이야기를 재미있게 들려주려고 노력했어요. 이 책을 천천히 다 읽고 나면 마음속의 과학주머니가 두둑해지고 불룩해지는 것을 경험할 수 있답니다.

과학주머니가 두둑해지면 그 주머니에 들어 있는 이야기를 친구나 동생들에게 한 번 들려 주세요. 이야기를 다른 사람에게 나누어 준다는 것이 얼마나 기쁘고 뿌듯한

지도 느낄 수 있답니다. 그리고 왜 선생님들이 과학주머니를 키웠는지도 알 수 있을 거예요.

　이 책을 펼치는 순간부터 가지고 있는 주머니에 '과학'이라는 이름표를 달아 주세요. 그리고 그 주머니를 크게 키워 주세요. 입에서 '우와~'라는 말이 나올 때, 머릿속에서 '아하!'라는 말이 떠오를 때, 과학이 즐겁고 신날 때, 학교에서 배우는 과학에 자신감이 생길 때, 그 순간을 이 책과 함께 하기를 바랄게요.

ー꺼내고 또 꺼내도 줄어들지 않는 마법의 과학주머니

Contents

Contents

장표지

장 처음에 나오는 제목과 사진을 보고 어떤 내용이 나올지 짐작해 보자. 미리 짐작해 보는 것만으로도 공부가 되거든!

본문

딱딱한 과학 원리가 쉽고 재미있게 담겨 있단다. 이제 어려운 과학 원리가 나와도 자신 있게 설명할 수 있겠지?

맛보기 퀴즈

공부하기 전에 맛보기 퀴즈의 답을 생각하다 보면, 호기심도 퐁퐁 샘솟고 즐겁게 공부할 수 있을 거야.

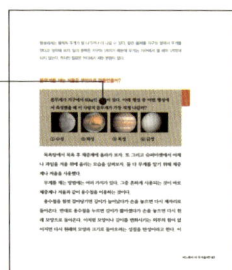

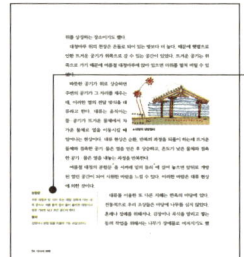

미니 사전

가끔 잘 모르는 단어가 나온다고? 하지만 알고 나면 별것 아니지! 언젠가는 알아야 할 단어들이니, 이참에 미니 사전 살짝 들추어 보자!

그림

과학 원리를 더욱 재미있고 쉽게 이해할 수 있도록 그림을 담았단다.

사진

생생한 과학 사진을 직접 눈으로 보면, 과학이 우리 곁에 성큼 다가와 있다는 걸 느낄 수 있을 거야!

실험해 볼까요?

각 장이 끝날 때마다 실험을 해 보자. 이 실험은 집에서도 손쉽게 할 수 있단다. 흥미로운 실험을 하다 보면 과학 원리가 머릿속에 쏙쏙 들어올 거야!

사진 제공 및 출처

이 책에 나온 사진들은 어디에서 찍은 것인지 알고 싶다면 〈사진 제공 및 출처〉를 살펴봐.

SADARI SCIENCE
CHAPTER 01 PHOTOGRAPH

Chapter 01

철이 들어서 철새?

철이 들어서 철새?

▲천수만을 찾은 겨울 철새, 가창오리(2007 환경보전홍보대상 사진 부문 가작 수상작)

해가 지고, 붉게 물든 하늘 위로 수많은 철새가 떼를 지어 지나간다. 이 사진은 우리나라 서해안에 있는 천수만의 모습이다. 천수만 일대에는 1980년대에 간척 사업으로 넓은 농경지가 생겼다. 이 농경지에서는 기계로 농사를 짓기 때문에 사람이 적고 땅바닥에 떨어진 곡식이 많다. 특히 이곳은 사람의 눈을 피해 안전하게 지내기 좋고, 바닥에 떨어진 곡식이 많아 먹이도 풍부해서 새들에게 인기 있는 터전이다.

천수만을 찾는 대표적인 겨울 철새*로는 가창오리를 꼽을 수 있다. 가창오리는 밤에만 활동하는 야행성이어서 낮에는 휴식을

철새
철에 따라 이리저리 옮겨다니는 새를 말한다.

취하다가 저녁 무렵부터 활동을 시작한다. 수십만 마리의 새들이 동시에 하늘로 날아오르는 모습을 보고 있으니, 마치 가창오리들이 바람이라는 음악에 맞추어 일정한 리듬으로 춤을 추고 있는 듯하다.

겨울 철새들은 여름에 시베리아 지역에서 지내다가, 겨울이 되면 시베리아를 떠나 좀 더 따뜻한 우리나라로 와서 지낸다. 실제로 전 세계 가창오리의 95%가 한국을 찾는다고 한다.

천수만에 찾아오는 겨울 철새는 300여 종으로, 그 수가 약 40만 마리에 이른다. 철새들은 지도나 나침반도 없는데 어떻게 먼 시베리아에서 한국까지 정확하게 찾아오는 걸까? 혹시 방향을 알려 주는 내비게이션이라도 갖고 있는 걸까?

우리 주변의 자석

퀴즈! 지구 상에서 가장 큰 자석은? 정답은 '지구 그 자체'이다.

지구는 하나의 거대한 자석이다. 철새들은 지구가 거대한 자석이라는 것을 이용해 머나먼 시베리아에서 한국까지 찾아올 수 있다. 따라서 철새들이 길을 찾는 비밀을 이해하기 위해서는 먼저 자석에 대해서 알아야 한다.

자석에는 두 개의 극이 있다. 바로 N극과 S극이다. 자석의 성질은 남자와 여자의 사이와 비슷하다. 남자끼리 또는 여자끼리 있으면 서로 경쟁하여 밀어내지만, 남자와 여자가 가까이 있으면 서로 호감을

지구가 자석이라구?!

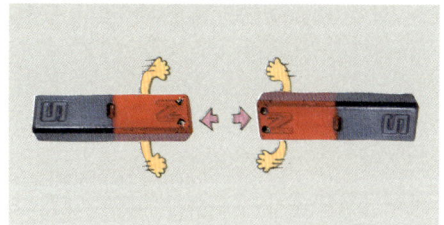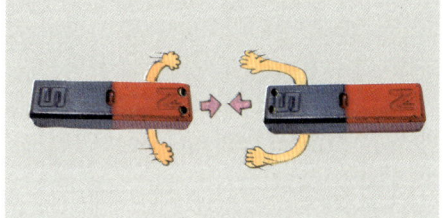

▲다른 극끼리는 끌어당기고 같은 극끼리는 밀어내는 자석

갖는다. 자석도 마찬가지다. 두 개의 자석을 가까이 갖다 대면 같은 극끼리는 서로 밀어내고, 다른 극끼리는 서로 끌어당긴다. 여기서 두 자석 사이의 거리가 가까울수록, 또 두 자석의 세기가 셀수록 서로 잡아당기거나 밀어내는 힘은 더욱 커진다. 만약 좋아하는 이성 친구가 있다면 자석에게 한 수 배워 보는 건 어떨까?

우리 주위에는 생각보다 자석이 많다. 특히 냉장고 문 바깥쪽은 자석들의 천국이다. 여태까지 우리가 본 다양한 형태의 자석을 모조리 떠올려 보자. 자석에 따라 N극과 S극의 배치도 다르다. 그렇다면 N극과 S극의 배치는 어떻게 볼 수 있을까? 마그네틱 뷰어[*]를 이용하면 간단히 해결된다. 냉장고에 하나쯤 붙어 있는 광고지를 떼어 뒷면을

마그네틱 뷰어
마그네틱 뷰어는 자석의 자력 선, 즉 자석의 극(자극)이 배치되어 있는 상태를 보여 주는 필름이다. 검은색과 초록색의 무늬와 방향을 보고 자석 극의 배치 상태를 알 수 있다.

어랏! 자장면 전단지 뒤에도 자석이 숨어 있었네!

▲마그네틱 뷰어로 본 고무 자석

▲N극과 S극이 차례대로 배열된 고무 자석

살펴보자. 고무 자석이 붙어 있을 것이다.

　이 광고 부착용 고무 자석을 마그네틱 뷰어로 관찰하면 위의 사진과 같은 모양이 나온다. 마그네틱 뷰어에 나타나는 줄은 N극과 S극이 나뉘어져 있음을 보여 준다. 이를 통해 고무 자석은 N극과 S극이 차례대로 붙어 있다는 사

생활 속의 자석	마그네틱 뷰어로 본 모습	N극 S극의 배치

▲마그네틱 뷰어로 본 생활 속의 자석

실을 알 수 있다. 자, 이번에는 주변의 다양한 자석을 마그네틱 뷰어로 살펴보고 자석의 극을 관찰해 보자.

막대자석을 반으로 자르면?

플라나리아[*]는 반으로 잘라도 죽지 않고, 두 마리의 플라나리아가 된다. 그럼 막대자석을 똑같이 반으로 자르면 어떻게 될까?

막대자석도 플라나리아와 비슷하다. 반으로 자르면 두 개의 자석이 만들어진다. 자석을 반으로 자르면 N극과 S극으로 두 동강이 날 것 같지만, 자석을 계속해서 반으로 나누어도 여전히 N극과 S극, 두 극이 있는 작은 자석이 만들어진다.

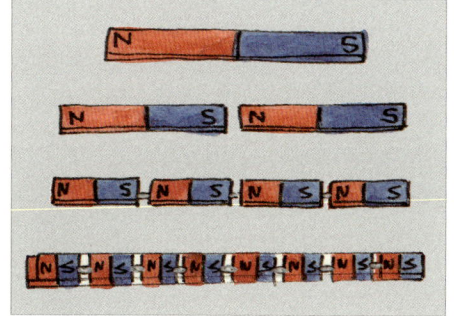

▲자석은 아무리 잘라도 N극과 S극이 사라지지 않는다.

플라나리아
몸은 평평하고 길쭉하며, 몸 표면은 섬모로 덮여 있다. 대개 잿빛을 띤 백색이다. 항문이 없고 암수 한몸으로 재생력이 강하며 여러 가지 실험에 쓰인다. 강이나 호수 바닥, 돌 또는 나무 밑에서 산다.

자석을 계속 잘라도 두 극이 생기는 까닭은 무엇일까? 자석 안에는 아주 작은 자석들이 N극과 S극의 방향으로 일정하게 배열되어 있다. 자석의 성질을 띤 가장 작은 단위를 분자 자석이라고 한다. 자석을 아무리 자르고 잘게 쪼개도 분자 자석보다 잘게 자르기 전까지는 모두 자석의 성질을 갖게 되는 것이다.

항해가들의 보물, 나침반

맛보기 퀴즈

다음 중 자석에 붙는 캔은 무엇일까?

① ②

1492년에 콜럼버스는 인도로 가는 바닷길을 찾기 위해 항해를 떠났다. 그리고 지금의 아메리카 대륙을 발견하였다. 콜럼버스가 미국을 발견하는 데 도움을 준 일등 공신은 바로 나침반이다. 나침반이 없었던 시절에는 북극성이나 북두칠성만을 보고 방향을 판단하였기 때문에 정확한 바닷길을 찾기가 어려웠다.

나침반은 지금으로부터 약 1,000년 전에 중국에서 처음으로 발명됐는데 아무런 통신 장비가 없던 시대에 수많은 탐험가들에게 큰 도움을 주었다. 나침반 덕분에 항해가들은 정확한 방향과 위치를 찾을 수 있었다.

나침반은 지구가 거대한 자석이라는 사실을 이용한 발명품이다. 나침반은 아주 가볍고 조그마한 사식이라 할 수 있는데 나침반 바늘을 작고 얇게 자석으로 만들어 작은 반응에도 쉽게 움직일 수 있도록 했다. 그래서 나침반은 자석처럼 같은 극끼리 밀어내고 다른 극끼리는 서로 끌어당긴다. 지구상의 모든 곳은 '지구'라는 거대한 자석의 힘에 영향을 받고 있어서, 지구에 있는 나침반의 N극은 모조리 북쪽을 향한다. 지구의 북쪽에서 자석의 N극을 끌어당기기 때문이다.

여행할 때 들고 다니는 나침반도 있지만, 눈에 보이지 않는 나침반도 있다. 눈에 보이지 않는 나침반이라니, 그런 나침반이 실제로 있을까?

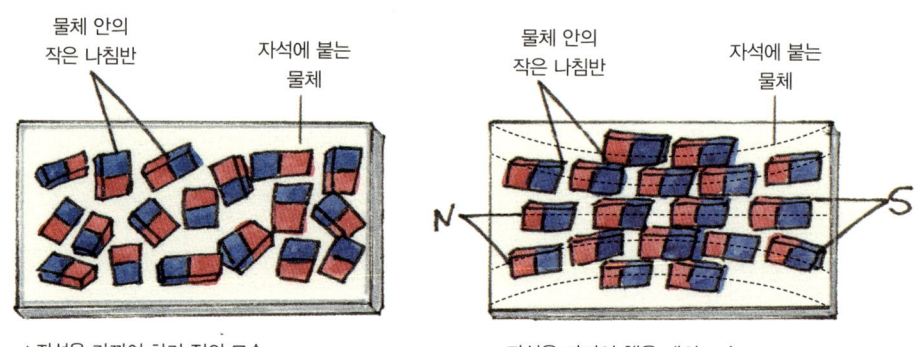

▲자석을 가까이 하기 전의 모습   ▲자석을 가까이 했을 때의 모습

그 나침반은 바로 자석에 붙는 물체 안에 있다. 자석에 붙는 클립 속에는 눈에 보이지 않는 아주 작은 나침반들이 있다. 이 나침반들은 우리가 쓰는 자석과는 달리 평소에 뒤죽박죽 여러 방향으로 퍼져 있다. 하지만 자석을 가까이 대는 순간 언제 그랬느냐는 듯이 시치미를 뗀다. 질서정연하게 줄을 서듯 한 방향을 향하면서 힘이 약한 자석처럼 된다. 이 작은 나침반들 덕분에 철은 자석에 붙을 수 있다.

'다른 모든 금속들도 혹시 자석에 붙을까?' 라는 생각이 든다면 알루미늄으로 만든 음료수 캔을 자석에 붙여 보자. 같은 금속일지라도 알루미늄은 자석에 붙지 않는다.

▲알루미늄 재질과 철 재질의 캔

그런데 음료수 캔이 알루미늄으로 만들어졌는지 어떻게 알 수 있을까? 음료수 캔에는 재활용을 위해 캔이 무엇으로 만들어졌는지 표시되어 있다. 잘 살펴보자.

동전은 자석에 붙을까?

동전에 자석을 가까이 대 보자. 동전은 자석에 붙을까? 우리나라 동전은 주로 구리를 이용해 만들었기 때문에 모두 자석에 붙지 않는다. 그런데 어떤 나라에서는 구리의 가격이 비싸서 철로 동전을 만들고 구리로 도금한다고 한다. 철로 만들어진 이 동전은 아무래도 자석에 붙겠지?

동전도 자석에 붙을까?

▲동전

철새의 머리 속에 나침반이 있다?

맛보기퀴즈

다음 중 몸속에 나침반을 가지고 있지 않은 것은?

① 연어　　② 비둘기　　③ 철새　　④ 꿀벌

우리는 조금 전에 '자석에 붙는 철에 작은 나침반들이 있다.'는 사실을 알았다. 한 드라마를 통해 "내 안에 너 있다."라는 말이 유행했듯이 철새도 이런 말을 했다. "내 몸 안에도 나침반 있다." 착한 사람 귀에만 들리니까, 이 말을 듣기 위해 너무 노력하지는 말자.

철새는 몸속 나침반을 이용해 방향을 감지하고 지구를 남북으로 여행한다. 이 작은 나침반 덕분에 철새들이 기나긴 여행을 할 수 있다. 시베리아에서 서해안의 천수만까지 찾아오는 가창오리 역시 마찬가지다.

뛰어난 방향 감각으로 자기 집을 아주 잘 찾는 비둘기도 작은 나침반을 가지고 있다. 비둘기의 머리뼈와 뇌 사이에는 2mm 정도의 작은 자철광[*]으로 된 부분이 있는데, 이것이 바로 비둘기의 나침반이다.

자철광
검은 색을 띠며 금속광택이 있고 광물 가운데 자성이 가장 강하다. 중요한 제철 원료로 쓰인다.

철새, 비둘기 외에도 자신이 살던 고향으로 돌아가는 연어의 머리, 꽃을 찾아다니는 꿀벌의 가슴에도 작은 나침반이 들어 있다고 한다. 이렇게 여러 동물들이 몸속의 자석을 현명하게 이용하고 있다.

공중부양 침대, 있다? 없다?

공중부양 침대가 과연 있을까? 믿을 수 없지만, 실제로 그런 침대가 있다. 아래 사진을 보면 침대가 바닥에서 붕붕 떠 있음을 확인할 수 있다. '침대는 가구가 아니라 과학'이라고 하지만, 이 침대는 '마술이 아니라 과학'이라고 해야 할 것이다. 자석의 같은 극끼리 서로 밀어내는 성질을 이용했기 때문이다. 바닥과 침대의 밑면에는 서로 같은 극의 자석이 붙어 있어서 침대가 공중에 떠 있을 수 있다.

▲공중부양 침대

탭댄스를 추는 원숭이

자석을 이용하여 탭댄스를 추는 원숭이를 만들어 보자.

준비물

고무판자석, 놀이용 그림, 검은 도화지, 양면테이프, 가위, 딱풀, 칼, 색연필, 마그네틱 뷰어

탐구 순서

① 준비된 그림을 색칠하고 자른다.

② 원숭이의 발 부분에 사진과 같이 칼집을 낸다.

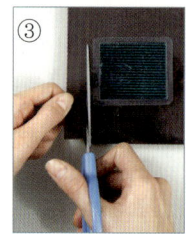

③ 마그네틱 뷰어를 이용해서 사진과 같은 방향으로 고무판 자석을 1cm 두께로 자른다. ※주의 : 자르는 방향에 주의할 것

④ 그림 뒷면의 발 부분에는 풀칠을 하지 않도록 선을 긋는다.

⑤ 발 부분을 뺀 나머지 부분에 풀칠을 한다.

⑥ 검은색 도화지에 그림을 붙인다.

⑦ 자석의 극 방향에 신경을 쓰며 자른 고무판자석의 일부를 잘라 발에 붙인다. 이 때 자석을 맞대어 움직이면 '따닥 따닥' 하는 느낌이 나야 한다.

※주의 : 자석의 방향에 주의해 붙일 것

⑧ 자른 고무판자석을 그림 사이에 넣어 좌우로 움직이며 원숭이 발의 움직임을 관찰한다.

🥛 실험 결과

원숭이의 춤 실력은 어떤지 감상해 보자. 이 종이 원숭이가 탭댄스를 추는 이유는 무엇일까?

원숭이 발에 붙인 자석과 길게 잘라 손으로 움직인 고무판자석은 극의 방향이 같다. 극의 방향이 같은 두 자석을 맞대어 움직이면 '따닥따닥' 하는 느낌이 난다. 같은 극끼리는 밀어내고 다른 극끼리는 붙는 자석의 성질 때문이다.

원숭이 발이 바닥에 붙을 때는 두 자석이 다른 극끼리 만나 끌어당기는 힘을 받는다. 반대로 두 자석의 같은 극끼리 만나 밀어내는 힘을 받으면 원숭이 발이 공중에 뜬다. 이것을 반복하면 원숭이가 마치 탭댄스를 추는 것처럼 보인다.

	원숭이 발이 공중에 뜰 때	원숭이 발이 바닥에 붙을 때
원숭이 발에 붙인 자석	N S N S N S N ↑ 밀어냄(공중에 뜸)	S N S N S N S ↑ 끌어당김(바닥에 붙음)
손으로 움직일 자석	⇓ N S N S N S N	⇓ N S N S N S N

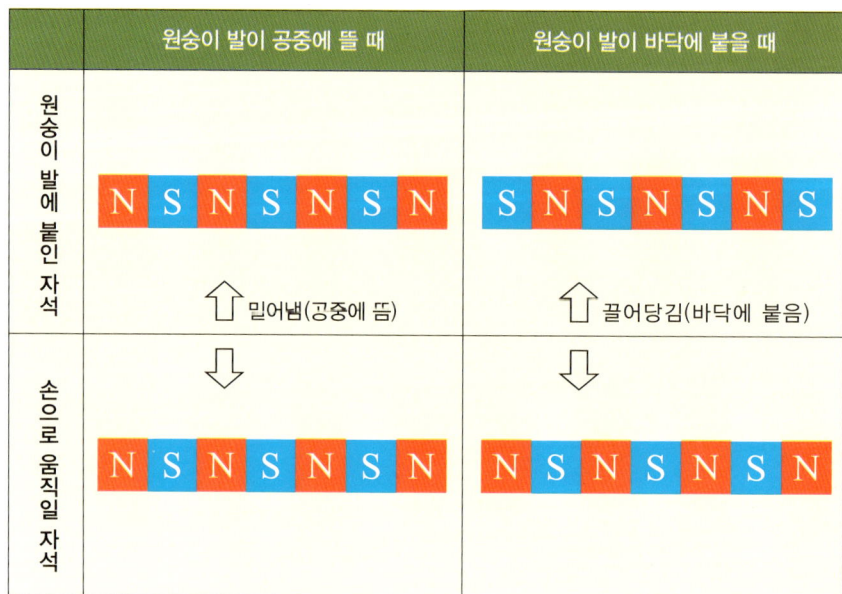

▲ 실험 과정에서 나타나는 N극과 S극의 배열

 생각 나누기

· 원숭이의 꼬리나 귀도 '파닥파닥'하게 할 수 있을까?

· 자석의 밀어내고 잡아당기는 성질을 이용한 물건을 일상생활 속에서 찾아보자.

CHAPTER 02
-P.025 PHOTOGRAPH

SADARI SCIENCE
CHAPTER 02 PHOTOGRAPH

Chapter 02

몽땅 마셔
버릴 테다!

몽땅 마셔 버릴 테다!

▲ '꿀꺽꿀꺽' 마치 폭포수를 마시는 듯한 장면

디지털 카메라로 사진을 찍어 본 적이 한 번쯤은 있을 것이다. 아마도 우리에게는 디지털 카메라라는 말 대신 '디카'라는 말이 더 친숙하게 느껴질 수도 있다. 어쨌든 많은 사람이 디지털 카메라로 사진을 찍고, 찍은 사진을 인터넷 미니홈피나 블로그에 올린다. 이렇게 여러 사람들과 사진을 함께 나누어 보는 것을 즐기는 사람이 많아졌고, 덕분에 인터넷에서 다양하고 재미있는 아이디어가 담긴 기발한 사진을 자주 발견할 수 있다.

친구를 내 손바닥 위에 올려놓고 싶다면? 목이 너무 말라서 거대한 폭포수를 꿀꺽꿀꺽 마셔 버리고 싶다면? 마법의 디지털 카메라를 꺼내 들어 보자! 친구의 머리를 내 손가락으로 집고, 커다란 피사의 사탑을 한 손으로 들어 올리고, 때로는 큰 탑이 나의 고깔모자가 되기도 한다. 보기만 해도 웃음이 나온다.

이런 사진들을 보면서 웃음이 나는 까닭은 이러한 상황들이 현실적으로는 불가능하기 때문이다. 정말 내 친구가 작게 줄어든 것일까? 아니면 내가 거대한 거인이 되어 찍은 것일까? 실제로는 있을 수 없을 것만 같은 이 장면들은 도대체 어떻게 찍은 것일까? 비밀은, 과학만이 알고 있다!

보고 또 보고!

이런 재미있는 사진들을 지금 당장 찍어 보고 싶다고? 물론 가능하다. 간단한 실험으로 확인해 보자.

일단 멀리 있는 물체나 사람을 마음속으로 정한다. 멀리 앉아 있는 친구, 부엌에서 요리를 하고 있는 엄마, 창문 밖의 큰 건물도 좋다. 이때 정한 대상은 눈에서 멀리 떨어져 있어야 한다. 대상을 정했으면 이제 엄지손가락을 치켜들고 그 물체 또는 사람을 가려보자.

대상을 완전히 가리기 위해서는 어떻게 해야 할까? 엄지손가락을 눈에서 멀리 떨어뜨려 보거나, 가까이 가져와 보면 된다. 엄지손가락을 움직여 보면서 물체가 확실히 가려지는 때는 언제인가 한 번 살펴보자.

본다는 것은 우리에게 너무나도 당연한 일이어서 신기할 것이 조금도 없는 것처럼 느껴진다. 우리는 눈으로 물체의 크고 작음, 멀고 가까움을 확실히 구분할 수 있다. 하지만 작은 엄지손가락으로 손가락보다 훨씬 큰 물체를 가릴 수 있듯이, 우리는 큰 물체를 실제보다 작은 크기로 착각할 때가 있다.

어두운 곳이냐, 밝은 곳이냐에 따라, 또 빛의 색깔에 따라 우리 눈은 실제 모습과 다르게 물체를 보기도 한다. 옷 가게에서는 화사한 핑크빛이었던 옷이 막상 산 후에 집에 와서 보면, 칙칙한 핑크빛으로 보일 수도 있다. 이처럼 같은 옷이어도 형광등, 백열등, 일반 태양 등 어디에서 비춰 보느냐에 따라 다르게 보인다. 만약 얼짱 사진을 찍고 싶다면, 이런 조건을 잘 고려해 '과학적'으로 찍어야 한다는 것을 잊지 말자.

거리에 따라서도 물체의 모습이 서로 다르게 보인다. 같은 물체라도 가까이 있으면 크게 보이지만 멀리 있으면 작게 보인다.

왜 우리 눈은 같은 물체를 시시각각 다른 모습으로 보게 되는 걸까? 도대체 '본다는 것'은 무엇일까?

물체를 보려면!

우리가 물체를 보기 위해서는 빛이 꼭 필요하다. 따라서 '본다는 것'이 무엇인지 수술용 칼을 들고 낱낱이 해부하기 전에 먼저 빛에 대해서 알아야 한다. 빛이 없는 세상에서 우리는 아무것도 볼 수 없으니까!

세상의 모든 물체는 두 종류로 나눌 수 있다. 스스로 빛을 내는 물체와 다른 물체로부터 받은 빛을 반사해서 빛을 내는 물체. 우리 주변에서 스스로 빛을 내는 물체와 빛을 반사해서 나타내는 물체를 찾아보자.

가장 쉬운 예가 바로 하늘에 떠 있는 태양과 달이다. 태양과 달 모두 낮과 밤에 하늘에서 빛을 낸다. 차이점은 태양은 스스로 몸을 태우며 빛을 내는데 달은 그렇지 않다는 데 있다. 태양 외에도 형광등, 촛불, 네온사인, TV, 컴퓨

▲스스로 빛을 내는 물체와 반사해서 빛을 내는 물체

터 모니터 등은 스스로 빛을 낸다. 이런 물체를 '광원'이라고 한다. 한자로 어떻게 쓸까? 빛 광光자에 근원 원源자를 써서 '빛의 근원' 즉, '스스로 빛을 내는 물체'라는 뜻을 가지고 있다. 반면 달은 태양으로부터 받은 빛을 반사해서 빛을 낸다. 달처럼 대부분의 물체는 다른 빛을 반사해서 우리 눈에 보인다.

이번에는 깜깜한 밤에 스탠드를 켜고 주변을 관찰해 보자. 스탠드에서 가까운 곳의 물체는 선명하게 잘 보인다. 가까이 있는 물체는 스탠드의 빛을 충분히 받았기 때문에 잘 반사해 우리 눈으로 들어온다. 하지만 스탠드에서 점점 멀어짐에 따라 스탠드의 빛을 충분히 받지 못한 물체들은 흐릿하게 보인다. 이처럼 빛을 내지 않는 물체의 모습을 보려면 꼭 빛의 도움을 받아야만 한다.

즉, 우리가 보는 것은 실제 물체가 아니라 물체에 부딪혔다가 반사되어 나오는 빛을 보는 것이다.

우리의 눈은 입체파?

맛보기 퀴즈

통일 신라가 망하면서 백제와 고구려를 계승하는 후백제와 후고구려가 등장했다. 후고구려를 세운 사람은 한쪽 눈이 먼 궁예였는데, 애꾸눈이었던 궁예는 어떤 점이 불편했을까?

(   )

엄지손가락 실험에서도 확인했듯이, 물체의 크기는 우리 눈에서 얼마나 떨어졌느냐에 따라 다르게 보인다. 같은 물체를 다른 크기로 보고 싶다면 어떻게 해야 할까? 생각대로 하면 된다고? 맞다. 크게 보고 싶으면 우리 눈에 가까이 가져오고, 작게 보고 싶으면 멀리 떨어뜨리면 된다. 이는 물체의 '시각'과도 관련이 있다. 그렇다면 시각은 무엇일까?

시각이란, 보고 있는 우리 두 눈의 정중앙과 물체의 양끝을 이은 선이 이루는 각도다. 다음 그림을 살펴보자.

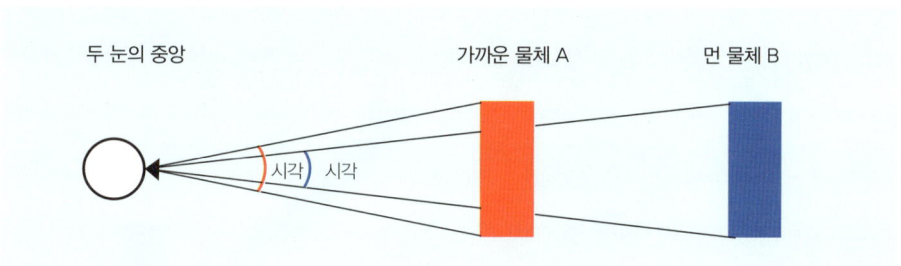

▲시각이 크면 물체도 크게 보이고, 시각이 작으면 물체가 작게 보인다

위의 그림에서 A와 B는 같은 크기이다. 하지만 가까이 있어서 시각이 큰 물체(A)는 우리 눈에 크게 보인다. 반면, 멀리 있어서 시각이 작은 물체(B)는 우리 눈에 작게 보인다.

엄지손가락 실험도 사실 시각이 큰 손가락은 크게 보이고, 멀리 있어서 시각이 작은 대상은 작게 보이는 현상을 이용한 것이다. 이렇게 같은 눈으로 같은 물체를 보더라도 얼마나 떨어진 거리에서 보느냐에 따라 다르게 보인다.

그럼 한쪽 눈이 안 보였던 애꾸눈 궁예는 어떻게 물체를 봤을까? 간단한 실험을 해 보자. 실험 대상이 될 물체 하나를 정한 다음,

난 궁예다

오른쪽 눈을 감고 왼쪽 눈으로만 물체를 관찰해 보자. 이번에는 왼쪽 눈을 감고 오른쪽 눈으로만 물체를 관찰해 보자. 오른쪽 눈과 왼쪽 눈으로 번갈아 가면서 볼 때, 보이는 모습이 조금 다를 것이다.

같은 물체일라도 오른쪽 눈으로 볼 때와 왼쪽 눈으로 볼 때의 모습은 다르다. 반사된 빛이 왼쪽 눈과 오른쪽 눈으로 각각 들어오기 때문이다. 이렇게 물체에서 반사된 빛이 우리 두 눈으로 들어올 때, 두 눈으로 들어오는 빛 사이에 각도가 생기는데 이를 '광각'이라고 한다. 무슨 말인지 무지하게 어렵다고? 친절하게 다음 그림을 준비했다. 찬찬히 보면서 이해해 보자.

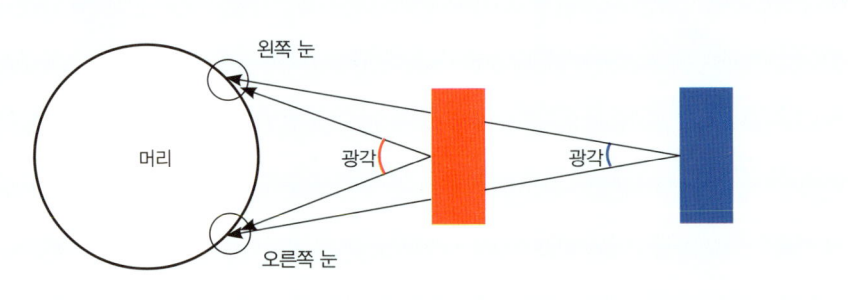

▲화살표로 가리킨 부분이 빛이 들어오는 지점이다. 물체가 가까우면 광각이 크고, 멀리 있으면 광각이 작다.

위의 그림과 같이 빛은 물체에서 반사되어 동시에 우리 두 눈으로 들어온다. 두 눈은 떨어져 있기 때문에 두 눈으로 들어오는 빛의 경로가 다르다. 이때 두 경로 사이의 각도가 바로 '광각'이다. '광각'은 우리 눈이 두 개이기 때문에 생긴다.

가까운 물체의 '광각'과 멀리 있는 물체의 '광각'의 크기를 비교해 보자. 어느 쪽이 더 작을까? 멀리 있는 물체는 광각이 작고, 가까운 물체는 광각이 크다.

광각의 크기에 따라 우리는 물체의 멀고 가까움을 판단할 수 있다. 이 때문에 입체적으로 물체를 볼 수 있다. 만약 눈이 하나 밖에 없다면 물체의 멀고 가까움을 알기 어려울 것이다.

자, 그럼 재밌는 놀이를 해 보자. 한쪽 눈을 감고 오른손과 왼손의 새끼손가락 끝이 서로 만나도록 가까이 가져가 보자. 그리고 몇 번 만에 성공했는지 살펴보자.

양쪽 눈을 뜨고 두 새끼손가락이 만나게 하는 것은 매우 쉽지만, 한쪽 눈만 뜨고 만나게 하는 것은 어렵다. 물론 반복적으로 연습하면 가능하지만, 한 번에 성공하기는 힘들다. 왜 이런 일이 생길까?

우리가 같은 물체를 보더라도 실험에서처럼 왼쪽 눈으로 바라본 물체의 모습과 오른쪽 눈으로 바라본 물체의 모습은 약간 다르다.

우리의 뇌는 두 눈에서 들어온 다른 두 정보를 조합해서 물체의 모습을 판단하는데, 이 덕분에 물체를 입체적으로 인식할 수 있다. 궁예는 눈이 하나뿐이라서 물체를 입체적으로 보기 힘들었을 것이다.

눈에서 빛을 내는 고양이?!

한밤중에 길을 가다 고양이의 빛나는 눈을 보고 놀란 적이 한 번쯤은 있을 것이다. 고양이 눈은 어둠 속에서 빛을 낸다. 고양이뿐 아니라 부엉이, 박쥐와 같은 야행성 동물들의 눈은 어둠 속에서 빛을 낸다. 왜 빛을 내는 걸까? 야행성 동물들의 눈에서 나오는 빛은 사실 동물들이 스스로 낸 빛이 아니라 반사로 인해 생긴 빛이다. 그래서 야행성 동물들이 밤에 더 잘 볼 수 있다.

밤에는 낮보다 빛이 적어서 사물을 또렷하게 보기 힘들다. 이는 고양이나 부엉이, 우리 사람들도 마찬가지다. 하지만 밤에 활동을 하는 야행성 동물들에게는 이러한 점을 극복하기 위해 눈 속에 들어온 빛을 반사하여 모아 주는 세포층이 있다. 눈 속에서 빛을 다시 한 번 반사해 주기 때문에 눈에서 빛이 나는 것처럼 보인다.

결국 밤만 되면 빛나는 고양이의 눈은 밤의 생활에 적응하기 위한 고양이만의 전략이라고 할 수 있다. 앞으로는 밤에 고양이의 빛나는 눈을 보고 겁을 먹는 겁쟁이가 되지 말자!

▲고양이

일몰? 월출?

이 작품은 네덜란드의 유명한 화가 빈센트 반 고흐가 그린 것이다. 이 장면은 해가 지는 장면일까, 달이 뜨는 장면일까?

▲빈센트 반 고흐의 작품

고흐는 네덜란드의 유명한 화가로 2천 점이 넘는 작품을 남겼다. 고흐는 동생 테오에게 편지를 보내 자신의 작품을 언제 어디에서 그렸는지 자세히 설명했다고 한다. 하지만 유독 한 작품에 대해서는 별다른 말이 없었다고 하는데, 그것이 바로 이 작품이다.

이 작품은 작업 중이라는 말만 남겼을 뿐 어떠한 설명도 없었기 때문에 하늘에 떠 있는 둥근 천체에 대한 사람들의 의견이 제각기 달랐다. 어떤 사람들은 '달이 뜨는 모습'이라고 하고, 또 다른 사람들은 '태양이 지는 모습'이라고 주장했다.

한편 올슨이라는 교수는 이 작품의 천체가 보름달이라고 주장했다. 우선 올슨 교수는 그림 속에 나오는 절벽을 찾았고, 태양은 정 반대편으로 진다는 것을 알아냈다. 올슨 교수는 고흐가 이 장면을 그린 날까지 계산했는데, 그림에 나오는 지형들의 거리와 높이, 보름달이 뜬 위치와 시간을 계산하여 1889년 5월 16일과 7월 13일 중 하나라는 결과가 나왔다.

또한 5월에는 밀을 수확하지 않는데 그림 속에는 밀을 수확한 흔적이 있다는 점을 통해 올슨 교수는 이 그림이 1889년 7월 13일 정확히 밤 9시 8분 경에 달이 뜨는 모습이라는 것을 알아냈다.

실제로 지구에서 태양이 지는 모습과 달이 뜨는 모습은 구분하기 힘들다. 그 이유는 태양과 달의 크기가 같아 보이기 때문이다. 그런데 정말 태양과 달의 크기가 같을까? 당연히 그렇지 않다. 태양은 달보다 훨씬 크기가 크다.

그럼에도 불구하고 태양은 달의 크기가 같아 보이는 것은 그만큼 태양이 지구에서 멀리 떨어져 있기 때문이다.

이처럼 시각이 같아서 태양과 달이 같은 크기로 보이기 때문에 고흐의 그림을 두고 '일출이냐, 일몰이냐' 사람들의 의견이 분분했던 것이다.

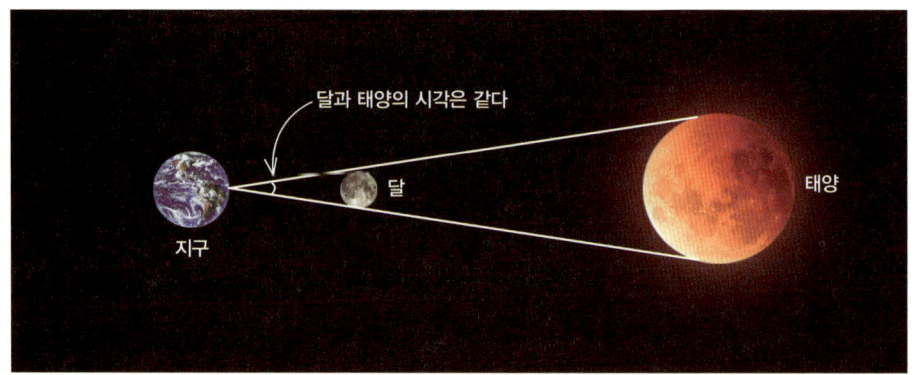

▲지구에서 보는 달과 태양의 시각이 같아서 달과 태양의 크기도 같아 보인다.

달로 태양 가리기?

태양은 달보다 훨씬 크지만 지구에서 볼 때, 태양과 달의 크기가 같아서 일어나는 현상이 있다. 바로 일식이다. 일식은 태양이 달에 의해서 가려지는 현상이다.

옆의 사진과 같이 태양 전체가 달에 의해 전부 가려지는 것을 개기 일식, 부분만 가려지는 것을 부분 일식이라고 한다. 개기 일식, 즉 태양이 달에 의해 완전히 가려질 수 있는 것은 지구에서 보는 태양과 달이 똑같은 크기로 보이기 때문이다. 그럼 지구보다 태양에서 멀리 떨어진 우주에서 일식을 바라본다면 어떨까? 다음 사진을 보자.

이 사진은 우주에서 본 일식의 모습이다. 지구에서는

▲1999년 8월 프랑스에서 찍은 개기 일식

달과 태양의 시각이 같아 모두 가려질 수 있는데 우주에서는 그렇지 않다. 사진을 살펴보면 알 수 있겠지만 우주에서는 달이 태양을 전부 가리지 못하고 태양을 가로지르며 지나가는 것처럼 보인다. 이 사진은 지구에서 160만km 떨어진 지점에서 촬영한 것으로, 지구에서 멀리 떨어지면 태양과 달의 '시각'이 달라져 그 크기도 다르게 보인다.

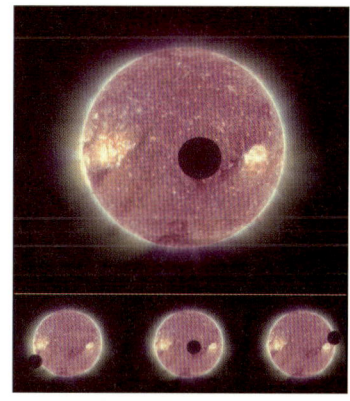

▲우주에서 본 일식 모습

달에도 그림자가 있다

이 사진은 우주에서 바라본 지구의 일부분이다. 사진 속에서 지구 표면의 검은 부분은 무엇을 나타낼까?

▲지구 표면

맛보기퀴즈

위의 사진은 일식 때 지구에 비친 달 그림자의 모습을 지구 밖에서 촬영한 것이다. 달 그림자는 태양에 의해 생기는데 달 그림자가 비춘 지역은 일식 현상이 일어난다. 지구에 비친 달 그림자를 자세하게 관찰해 보자. 아주 새까만 부분이 있고, 회색 빛이 감도는 살짝 까만 곳이 있다. 정중앙 부분은 검은 색이 짙고 테두리로 갈수록 색이 옅어진다. 왜 이런 변화가 생길까? 태양빛이 한 점에서 나오는 것이 아니라 태양의 둥근 둘레를 따라 빛이 나오기 때문이다.

아래 그림과 같이 태양의 A지점에서 나오는 빛도 달에 그림자를 만들고, B지점에서 나오는 빛도 그림자를 만든다. 두 그림자 영역이 겹치는 부분을 '본그림자'라고 하는데, '본그림자'는 아주 진한 검은 색을 띤다. 반면 그림자가 겹쳐지지 않은 부분은 옅은 회색을 띠는데 이 부분을 '반그림자'라고 한다. 본그림자와 반그림자는 보통 형광등 불빛 아래서도 생긴다. 내 그림자를 관찰해 보고 본그림자와 반그림자를 찾아보자.

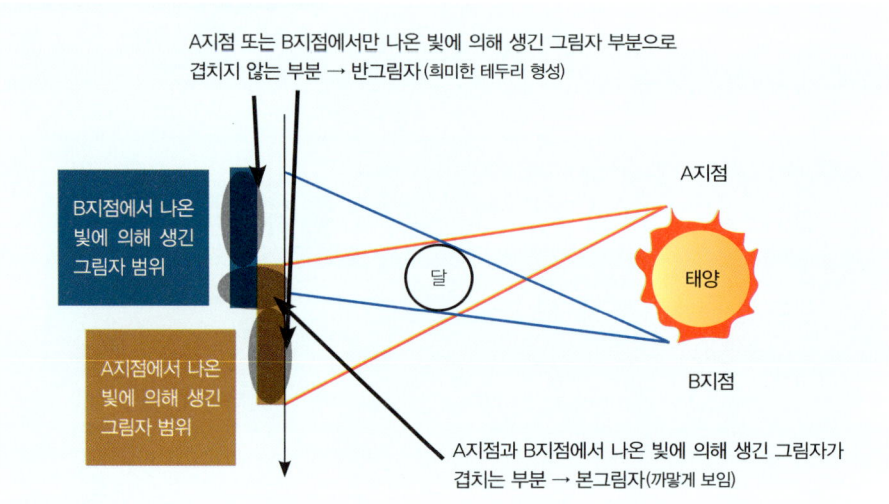

▲반그림자와 본그림자

바늘구멍 사진기

맛보기퀴즈

바늘구멍 사진기에 구멍을 2개 뚫고 촛불을 보면 촛불이 몇 개로 보일까?
① 1개   ② 2개   ③ 3개

지금까지 물체를 볼 때 나타나는 여러 현상을 빛과 관련지어 살펴보았다. 빛은 우리가 물체를 볼 때 꼭 필요하다. 빛은 물체를 볼 때뿐만 아니라 지구 상의 모든 생명체가 살아가는 데 꼭 필요하다. 식물이 자라는 데도 빛이 필요하고, 그림자 놀이를 하거나 책을 읽을 때도 빛은 꼭 필요하다.

특히 사진기는 빛이 꼭 필요한 것 중의 하나다. 사진기는 빛의 과학적 원리를 이용해 만들어진 것이다. 그럼 인류상 최초의 사진기는 무엇일까? 바로 바늘구멍 사진기다. 그럼 바늘구멍 사진기의 원리를 살펴보자. 바늘구멍 사진기는 작은 구멍을 통해 물체에서 반사되는 빛의 일부를 통과시킨다. 빛이 바늘구멍 사진기의 구멍을 통과하면 반대쪽에 상하좌우가 뒤집힌 모습으로 상이 맺히게 된다.

이처럼 바늘구멍 사진기에 맺힌 상이 상하좌우가 바뀌어 보이는 것은 그림과 같이 빛이 직진하기 때문이다. 또한 바늘구멍 사진기에 구멍을 여러 개 뚫게 되면 각각의 바늘구멍의 수만큼 여러 개의 상이 생긴다. 각각의 바늘구멍을 통해 들어온 빛이 상을 맺기 때문이다.

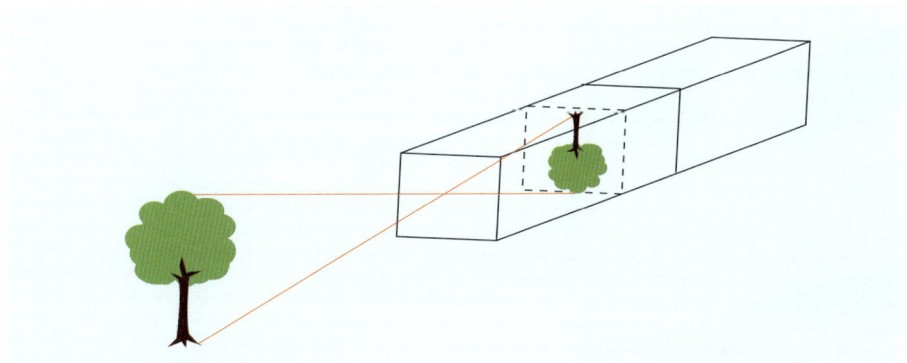

▲빛이 직진하기 때문에 상이 기꾸로 맺힌다.

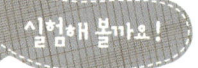

바늘구멍 사진기에 구멍 여러 개 뚫기

바늘구멍 사진기의 구멍의 수를 늘리면 어떻게 될까? 상이 밝아질까? 아니면 어두워질까? 상이 커질까? 작아질까? 예상하는 결과를 그림으로 그려 보고 실험을 통해 확인해 보자.

 준비물

검은색 도화지, 기름종이, 가위, 투명테이프, 바늘

탐구 순서

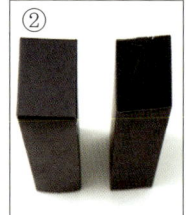
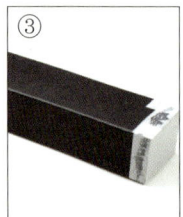

① 사진과 같이 검은색 도화지로 평면도를 그린다. 그 외 기름종이, 투명테이프, 가위, 바늘을 준비한다.
② 뚜껑이 없는 속 상자와 뚜껑이 닫힌 겉 상자를 접어 사각기둥의 형태로 만든다.

※주의 : 속 상자가 겉 상자 속에 딱 맞게 들어가야 한다.

③ 속 상자의 뚫린 양쪽 면 중 한 곳에 기름종이를 붙인다.
④ 겉 상자의 뚜껑에 작은 바늘구멍을 낸다.
⑤ 겉 상자에 속상자를 완전히 밀어 넣는다. 단, 속 상자의 기름종이를 붙인 면이 안쪽이 되도록 속상자를 넣는다.

⑥ 촛불이나 형광등을 관찰해 본 후, 겉 상자의 뚜껑에 바늘구멍을 1개 더 뚫고
차이점을 비교해 본다.

실험 결과

바늘구멍 사진기에 구멍을 여러 개 뚫으면 어떻게 될까? 형광등 또는 촛불을 바늘구멍 사진기로 관찰해 보자.

바늘구멍이 하나일 때는 기름종이에 맺힌 상도 하나이다. 구멍이 둘일 때는 2개의 상이 맺히고, 구멍을 하나 더 뚫으면 3개의 상을 볼 수 있다. 왜 그럴까? 바늘구멍 사진기는 바늘구멍을 통해 들어온 빛으로 상을 맺는다. 만약 구멍이 2개라면 빛이 통과하는 통로가 2개이므로 각각의 빛이 그림과 같이 상을 맺게 되어 기름종이에 2개의 상이 맺힌다.

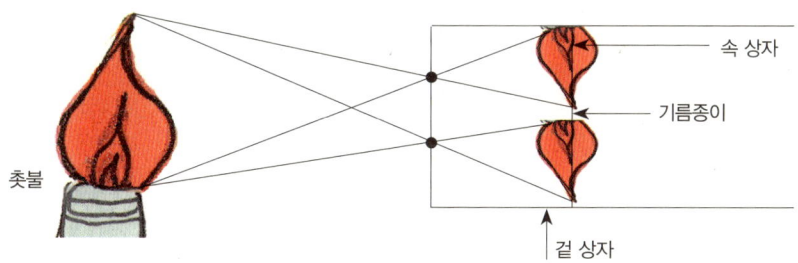

촛불   속 상자   기름종이   겉 상자

생각 나누기

· 바늘구멍의 모양을 원형에서 별 모양이나 초승달 모양으로 바꾸어 보고 상의
모양을 관찰하자.

Chapter 03

여름에는 시원하게,
겨울에는 따뜻하게

여름에는 시원하게, 겨울에는 따뜻하게

▲명재 윤증 선생 고택

충남 논산군 노성면 교촌리. 이곳은 '백의정승'이라 불렸던 명재 윤증 선생의 고택이 있는 곳이다. 평생 과거 시험 한 번 보지 않았지만 학문이 높아 열여덟 번이나 벼슬자리를 제안받았다는 명재 윤증 선생.

그가 살았던 이 집은 300년 전, 조선 시대 중기에 지은 전형적인 사대부의 집 중 하나다.

사진의 집 모양을 잘 살펴보자. '한옥'이라는 사실을 금방 알아차릴 수 있다. 우리는 한옥을 통해 우리 조상들이 어떤 집에서 어떻게 생활했는지 알 수 있다. 어떻게 알 수 있을까? 일단 한옥의 생김새나 구조를 한번 살펴보자.

한옥을 짓기 위해서는 먼저 땅에 기단을 쌓고 그 위에 주춧돌을 놓아야 한다. 그리고 그 위에 기둥을 세우는 형태로 땅에서 떨어지게 짓는다. 따라서 앞 사진의 동그라미 안의 누마루나 대청 아래의 모습처럼 위로 뜬 열린 공간이 생긴다. 왜 우리 조상들은 이렇게 집을 지었을까? 계단을 오르내리고, 댓돌을 밟고 마루로 올라서는 게 불편했을 텐데 말이다. 이제 한옥에 대해 자세히 알아보자.

조선의 신분 제도는 양반, 중인, 상민, 천민으로 구분된다. 이 중 벼슬을 한 높은 양반의 집을 상류 주택이라고 한다. 상류 주택은 대문, 행랑채, 사랑채, 안채, 마당, 사당, 별당 등 다양한 건물들로 이루어져 있다.

조선 시대에는 남녀가 7세가 되면, 서로 함께 있어서는 안 된다는 생각이 강했다. 이 생각이 상류 주택에도 고스란히 배어 있다. 그래서 같은 집 안에서도 남녀의 생활 공간이 서로 나뉘어져 있다.

집안의 살림을 맡아 하는 여주인의 일상적인 거처이자, 침실인 안채는 집의 가장 안쪽에 위치한다. 따라서 밖에서는 안채를 함부로 엿보거나 드나들 수 없었고, 대문을 지나고 중문을 거쳐야만 안채에 들어갈 수 있었다.

그렇다면 사랑채는 누구를 위한 공간일까? 사랑채의 위치를

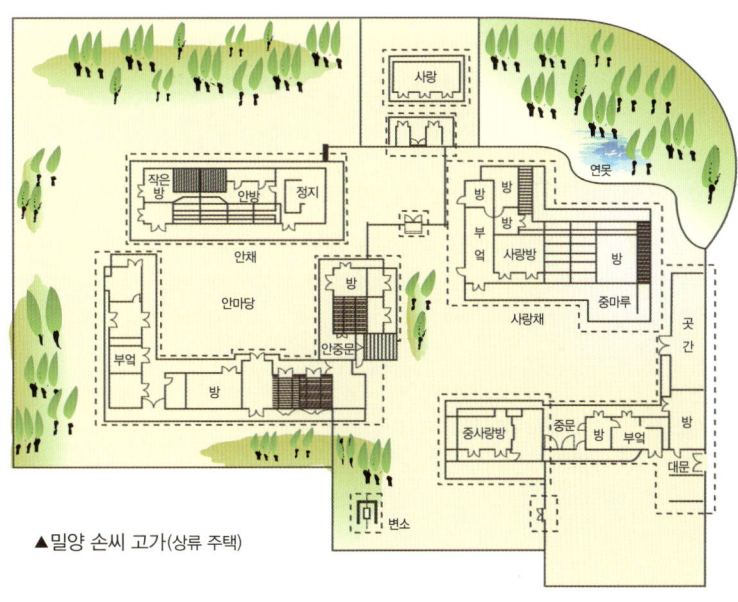

▲밀양 손씨 고가(상류 주택)

잘 살펴보자. 바깥에서 드나들기 쉽게 앞쪽에 위치하고 있다. 이 위치만 봐도 바깥일을 하는 남자들의 공간이라는 사실을 알 수 있다. 남자들이 일상생활을 하는 곳인 사랑채에서는 손님의 접대나 사람들과의 교류가 이루어지기도 했다.

▲사랑채

담장보다 높은 솟을대문을 들어서면 사랑 마당 또는 행랑 마당으로 들어갈 수 있다. 행랑 마당을 중심으로, 주변을 둘러싼 담과 연결된 행랑채는 집안의 궂은일을 도맡아 하는 하인들이 사는 공간이다.

이처럼 한옥은 한 공간 안에서 신분 제도나 유교 사상에 의해 공간이 나눠지는 구조를 가지고 있다.

왜 솟을대문이라고 했을까?

말 그대로 하늘을 향해 솟아 있는 모양을 한 대문이다. 솟을대문은 종2품 이상의 벼슬을 한 양반의 집에 낼 수 있었던 대문으로, 주로 행랑채에 설치했다. 원래는 벼슬아치가 수레, 말, 가마 등을 타고 대문을 출입할 때 머리가 대문에 걸리지 않도록 지붕을 높게 만든 것이었으나, 나중에는 그 집에 사는 사람의 지체*를 나타내게 되었고 솟을대문이 설치된 집은 지체 높은 양반이 산다고 여겨졌다.

지체
어떤 집안이나 개인이 사회에서 차지하고 있는 신분이나 지위를 말한다.

▲솟을대문

어떤 집을 짓는 게 좋을까?

남부 지방에서는 여름철 무더운 날씨를 잘 견딜 수 있도록, 북부 지방에서는 추운 겨울을 잘 지낼 수 있도록 집을 짓는 것이 무엇보다도 중요했다. 집의 구조를 잘 살펴보고 남부 지방과 북부 지방의 집을 찾아보자.

얼른 찾아봐!

생각만 해도 땀이 뻘뻘 나는 아프리카, 아무리 껴입어도 오들오들 추울 것 같은 알래스카. 과연 이 두 지역의 집 모양은 같을까? 당연히 다르다! 어떻게 다를까?

집은 더위나 추위와 같은 외부 환경으로부터 사람을 보호하는 기능을 갖고 있다. 그렇기 때문에 더운 아프리카는 시원하게, 추운 알래스카는 따뜻하게 집을 짓는다. 이처럼 기후는 집의 생김새나 구조에 많은 영향을 미친다.

그럼 우리나라는 어떤 기후일까? 우리나라는 아시아 대륙의 동쪽 끝에 위치한 반도로써 대륙성 기후와 해양성 기후의 중간 성격인 온대성 기후의 특징을 보인다.

봄, 여름, 가을, 겨울 사계절 중 겨울은(11월부터 3월까지) 평균 기온이 0℃

이하로 내려가서 춥다. 반면 여름은 (6월부터 9월까지) 30℃ 이상의 무더운 날이 여러 날 지속되기도 한다. 해가 비추는 시간이 가장 긴 달은 7월, 가장 짧은 달은 12월이다. 연평균 강수량은 600~1,500㎜이지만, 대부분 6월 하순부터 약 한 달간 지속되는 장마철에 집중적으로 내린다.

이러한 기후적 특성으로 우리나라 각지에는 대륙적이면서도 해양적인 집들이 발달했다. 어떤 집일까? 바로 온돌과 마루가 결합되어 있는 한옥과 같은 집이다.

겨울이 길고 추운 북쪽 지방에서 발달한 온돌은 점차 남쪽 지방으로, 무덥고 긴 여름을 지내야 하는 남쪽 지방의 마루는 점차 북쪽 지방으로 전파되어 서민주택뿐 아니라 상류 주택에까지 영향을 주었다.

이처럼 그리 크지도 않은 나라에서 각 지역마다 서로 다른 기후를 갖게 하고 자연환경에 적합한 주택 형태를 발달시킨 장본인은 바로 '태양 복사 에너지'다. 열의 이동 중 한 가지 방법인 복사는 공간을 통해 직접적으로 일어나기 때문에 두 물체 사이에 아무 것도 존재하지 않더라도 일어날 수 있다. 방 가운데에 있는 난로가 방 전체에 따뜻한 열기를 전해 주는 것처럼 말이다. 난로 가까이에서 손으로 얼

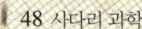

굴을 가리면 얼굴이 갑자기 차가워지는 것을 느끼게 되는데 이는 난로에서 나오는 열이 가려져 얼굴에 적게 도달하기 때문이다.

모든 물체가 복사열을 내놓지만 그 양은 물체의 온도와 관계가 있다. 물체가 뜨거울수록 더 많은 열을 내놓는다.

태양은 표면 온도가 6,000℃에 달하고 중심부의 온도는 약 1,500만℃에 이르므로 막대한 열과 빛을 내놓는다. 태양에서 나오는 에너지는 우리의 일상생활과 생명체가 살아가는 데 필요한 에너지의 근원이 될 뿐 아니라 여러 가지 기상 현상을 일으키고 바다에서 해류의 움직임을 만든다.

한옥에서 따뜻하게 겨울을 보내자!

다음 중, 뚝배기에 끓이면 좋은 음식은 무엇일까? 모두 골라 보고 그 이유를 성명해 보자.

① 된장찌개   ② 라면   ③ 떡볶이   ④ 삼계탕

맛보기 퀴즈

요즘은 대부분 아파트나 양옥에서 살기 때문에 전통적인 온돌방을 경험해 보지 못한 사람들이 많다. 온돌은 우리나라의 전통적인 난방법인데, 그 원리는 아주 간단하다. 아궁이에 불을 때면 뜨거운 연기가 고래를 지나면서 구들

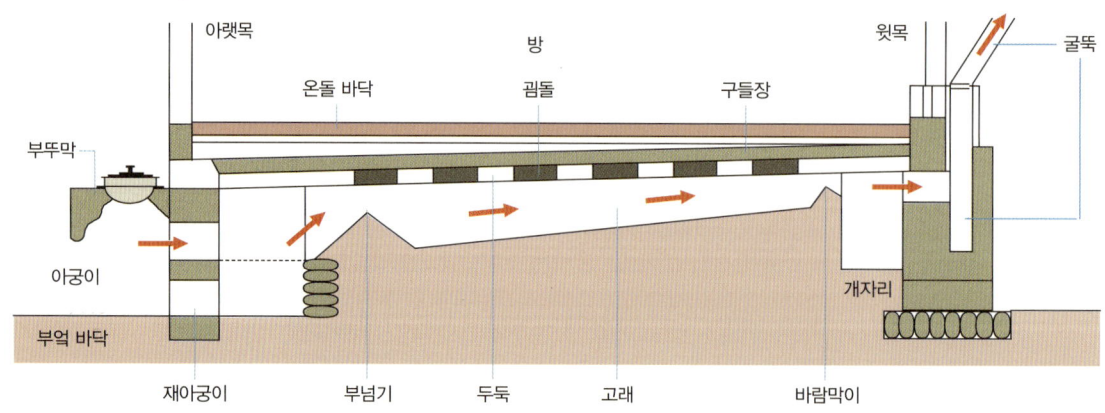

아랫목　방　윗목　굴뚝

온돌 바닥　굄돌　구들장

부뚜막

아궁이

부엌 바닥

재아궁이　부넘기　두둑　고래　바람막이　개자리

▲재래식 온돌의 단면

장과 바닥을 데운다. 그리고 연기는 굴뚝으로 빠져나간다.

　그럼, 눈을 크게 뜨고 위의 그림에서 '부넘기'를 찾아보자. 아궁이의 열기가 급경사를 이루며 높아지다가 다시 약간 낮아지는 곳이 바로 부넘기다. 부넘기는 불길이 고래 안으로 잘 들어가게 하면서, 동시에 아궁이 밖으로 나오지 못하도록 하는 역할을 한다.

　고래를 지나면 개자리가 있다. 개자리는 불길을 따라 들어온 그을음이나 재, 티끌이 모이는 곳이다. 개자리는 이것 말고도 아주 중요한 역할을 한다. 어떤 역할일까? 온돌의 목적을 생각해 보자. 온돌은 방을 따뜻하게 데우는 일을 한다. 그런데 만약 열기가 오래 머물지 않고 굴뚝 밖으로 재빨리 빠져나간다면, 과연 방이 오랫동안 따뜻할 수 있을까? 개자리는 방을 오랫동안 따뜻하게 해 주기 위해 열기가 고래에 더 오래 머물게 한다.

　온돌은 방바닥에 앉아서 생활하는 좌식 생활에 적합한 난방법

온돌이 저렇게
생겼구나

이다. 방바닥을 데운 열은 바닥에 앉아 있는 사람의 몸에 직접 전달되기도 하고 실내의 공기를 따뜻하게 데우기도 한다. 즉 온돌은 열의 전도·복사·대류를 적절히 이용한 과학적인 난방 방식이다.

전도는 물질을 통해 열이 직접 전달되는 방식이다. 예를 들어 금속으로 된 젓가락의 한쪽 끝을 뜨거운 물속에 담그면 다른 쪽도 점차적으로 따뜻해지는 것을 느낄 수 있다. 이는 열이 금속을 통해서 전도되었기 때문이다.

열의 전도를 이용한 조상들의 지혜는 뚝배기에서도 찾아볼 수 있다. 뚝배기는 냄비와 곧잘 비교되곤 한다. 뚝배기가 투박하고 무거운 반면에, 다양한 모양의 냄비는 가볍고 사용하기 편리하다. 이것만으로는 냄비가 훨씬 장점이 많아 보이지만, 뚝배기는 냄비에는 없는 아주 특별한 장점을 갖고 있다. 뚝배기는 끓는 데는 냄비보다 오래 걸리지만, 뜨거움은 훨씬 더 오래 지속된다. 어머니가 뚝배기에 끓인 된장찌개가 식탁 위에서도 계속 끓는 모습을 한번 떠올려 보자.

냄비가 뚝배기보다 더 빨리 끓는 이유는 금속이 도자기보다 열을 쉽게 전도하는 성질이 있기 때문이다. 하지만 쉽게 뜨거워진 만큼 쉽게 식는다. 반면 흙으로 만들어진 뚝배기를 뜨겁게 만드는 데는 많은 열이 필요하다. 그러나 그만큼 쉽게 식지도 않는다.

▲ 뚝배기

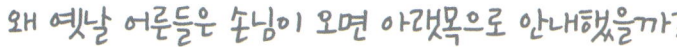

왜 옛날 어른들은 손님이 오면 아랫목으로 안내했을까?

바닥에 구들을 놓을 때 부넘기에서 굴뚝이 있는 개자리로 갈수록 약간씩 높여 경사를 주면 상대적으로 아궁이 쪽이 낮아지게 된다. 이 때문에 아궁이 쪽을 아랫목이라 하고 굴뚝 쪽을 윗목이라고 부른다.

온돌은 주로 열의 전도에 의존하는 난방법이라 아랫목과 윗목의 온도 차가 심하다. 아궁이 쪽인 아랫목은 따뜻하고, 굴뚝 쪽인 윗목은 차갑다. 그렇기 때문에 귀중한 손님이 집을 방문했을 때 어른들은 손님을 따뜻한 아랫목으로 안내했다.

온돌은 온도 조절이 어려워, 방바닥은 뜨겁지만 공기는 차갑다는 단점을 가지고 있다. 이러한 단점을 익히 알고 있었던 현명한 우리 조상들은 이를 보완해 주는 도구로 화로를 사용했다.

화로는 숯불을 담아 놓는 그릇인데, 열의 복사와 대류의 원리로 난방 보조 기구의 기능을 톡톡히 해냈다. 무쇠, 놋, 돌, 흙, 백동 등 다양한 재료를 사용해서 만드는 화로는 아주 다양한 용도로 사용되곤 했다. 불을 지핀 아궁이의 불씨를 모아 담는 용도, 타고 남은 재로 덮어 불씨를 보존함으로써 방 안을 따뜻하게 해 주는 용도, 어른들의 담뱃불, 다림질뿐 아니라 음식을 데우는 용도로도 사용했다.

아궁이에 불을 때면 방 안이 따뜻해져!

한옥에서 시원하게 여름을 보내자!

맛보기 퀴즈

얼음을 빨리 녹이려고 한다. 어떤 재료로
감싼 얼음이 상온에서 가장 빨리 녹을까?

① 솜으로 감싼 얼음

② 종이로 감싼 얼음

③ 알루미늄 호일로 감싼 얼음

선풍기, 에어컨, 냉장고에서 막 꺼낸 시원한 물과 차가운 얼음. 무더운 여름을 시원하게 보내기 위해 필요한 것들이다. 그런데 만약 선풍기나 에어컨, 냉장고가 없다면, 우리는 무더운 여름을 어떻게 견뎌 낼 수 있을까? 생각만 해도 등에서 땀이 뻘뻘 흐르는 듯하다. 실제로 선풍기, 에어컨, 냉장고가 없었던 옛날 우리 조상들은 어떻게 여름을 보냈을까?

온돌이 겨울을 나기 위해 꼭 필요한 것이었다면, 시원하게 트인 대청마루는 무더운 여름을 시원하게 나기 위해 꼭 필요한 곳이다.

주로 남쪽을 향하고 있는 대청마루는 방과 방 사이를 연결하는 열린 공간이자, 여름철에는 생활의 중심이 되는 곳이었다. 조선 시대 상류 주택에서는 이곳에서 혼례를 치루거나 제사를 지냈기 때문에 의식과 권

▲ 한옥 대청마루

위를 상징하는 장소이기도 했다.

대청마루 위의 천장은 온돌로 되어 있는 방보다 더 높다. 때문에 햇볕으로 인한 뜨거운 공기가 위쪽으로 갈 수 있는 공간이 있다. 뜨거운 공기는 위쪽으로 가기 때문에 여름철 대청마루에 앉아 있으면 더위를 떨쳐 버릴 수 있다.

따뜻한 공기가 위로 상승하면 주변의 공기가 그 자리를 채우는데, 이러한 열의 전달 방식을 대류라고 한다. 대류는 움직이는 물·공기가 뜨거운 물체에서 차가운 물체로 열을 이동시킬 때 일어나는 현상이다. 대류 현상

▲대청의 냉방원리

은 순환, 반복의 과정을 되풀이 하는데 뜨거운 물체와 접촉한 공기·물은 열을 얻은 후 상승하고, 온도가 낮은 물체와 접촉한 공기·물은 열을 내놓는 과정을 반복한다.

여름철 대청의 분합문*을 서까래 밑의 들쇠*에 걸어 놓으면 앞뒤로 개방된 열린 공간이 되어 시원한 바람을 느낄 수 있다. 이러한 바람은 대류 현상 때문에 생긴다.

분합문
주로 대청과 방 사이 또는 대청 앞쪽에 다는 네 쪽 문이다. 여름에 둘씩 접어 들어 올리면 대청이나 방은 기둥만 남고 트인 공간이 된다.

들쇠
겉창이나 분합 등을 떠올려 거는 쇠갈고리다.

대류를 이용한 또 다른 지혜는 한옥의 마당에 있다. 전통적으로 우리 조상들은 마당에 나무를 심지 않았다. 혼례나 장례를 위해서나, 김장이나 곡식을 말리고 찧는 등의 작업을 위해서는 나무가 장애물로 여겨지기도 했

▲들쇠에 걸어 놓은 분합문

지만, 무엇보다도 네모난 마당에 나무를 심으면 한자로 '빈곤할 곤(困)'을 상징해서 가난해진다고 믿었기 때문이다. 그러나 한옥 마당에 나무가 없는 또 하나의 이유를 우리는 과학적으로 생각하고 설명할 수 있다.

나무가 없는 마당은 흙과 나무로 지은 집보다 더 빨리 뜨거워진다. 그래서 햇볕이 내리쬐는 무더운 날, 마당의 공기는 위로 상승한다. 그럼 그 부분을 채우기 위해 대청 쪽에서 공기가 이동하여 시원한 바람이 분다. 즉 마당 덕분에 대청은 더 시원해질 수 있다.

나무와 잔디가 없는 마당은 빨리 뜨거워지고 나무와 황토로 지은 건물은 천천히 데워지지!

그래서 바람 한 점 없는 무더운 날에도 마당의 공기가 상승하고 기압이 낮아져 항상 대청에서 마당으로 시원한 바람이 불 수 있는 거야!

▲대청을 더욱 시원하게 해 주는 한옥 마당

여름에는 죽부인이 최고야!

냉방 기구도 제대로 없었던 옛날, 우리 조상들이 쾌적하고 시원하게 잠들 수 있도록 도와주는 또 하나의 물건이 있었다. 길이는 사람의 키 정도에 길쭉한 원통 모양의 죽부인이 바로 그것. 죽부인은 대나무를 길쭉하게 잘라 낸 뒤 둥글고 길게 엮어서 만든 물건이

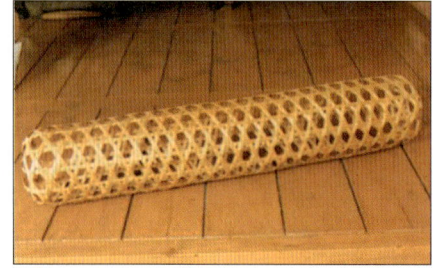

다. 이를 품 안에 안고 자거나 다리 사이에 끼고 자면 한결 시원하게 잠이 들 수 있었다고 한다. 속이 텅 비어 있는 죽부인 사이로는 바람이 잘 통하기 때문에, 죽부인 만의 더운 공기는 위로 나가고 시원한 공기를 빈 공간으로 끌어올 수 있었다.

▲죽부인

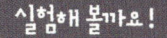 실험해 볼까요!

태양의 요리 교실(태양열 조리기 만들기)

태양열 조리기는 태양 에너지를 이용해서 음식을 요리하는 기구다. 태양열 조리기에는 다양한 형태가 있다. 기본적인 형태를 보고, 직접 디자인한 태양열 조리기를 만들어 보자. 태양 에너지를 효과적으로 모으는 방법을 생각하면서 만들자.

 준비물

하드보드지, 자, 칼, 가위, 풀, 순간 접착제, 모눈종이, 알루미늄 호일

탐구 순서

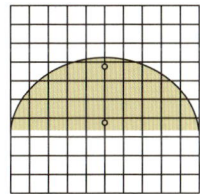

① 모눈종이를 이용해서 각 부분의 도안을 그리고 잘라 낸 후 하드보드지 위에 붙인다.

② 도안의 모양대로 잘라 내서 각 부분을 준비한다.

③ 순간 접착제나 보드를 사용해서 튼튼하게 붙여 준다.

④ 은박지 또는 쿠킹 호일을 이용해서 조리판을 만든다.

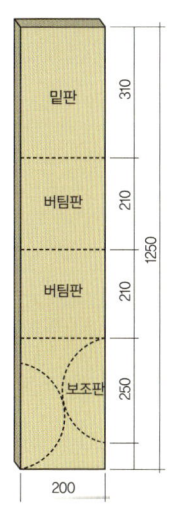

밑판 310
버팀판 210
버팀판 210
보조판 250
1250
200

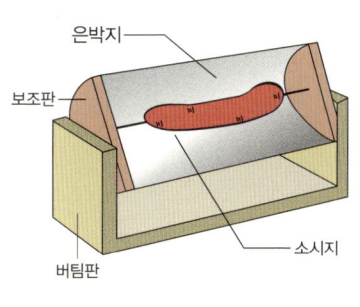

은박지
보조판
버팀판
소시지

📖 실험 결과

가스레인지나 전자레인지 없이도 음식을 익혀 먹을 수 있을까? 태양열 조리기를 사용하면 과학적으로 가능하다. 다만 '태양'이 꼭 필요한 실험이기 때문에 때에 따라서는 음식이 잘 익지 않을 수도 있다. 그러므로 음식이 익지 않는다고 너무 많이 실망하지는 말자!

🍶 생각 나누기

· 태양열을 잘 모으기 위해서는 조리판을 어떻게 만들어야 할까?

CHAPTER 04
-P.059 PHOTOGRAPH

SADARI SCIENCE
CHAPTER 04 PHOTOGRAPH

Chapter 04

어느 쪽이
더 무거울까?

어느 쪽이 더 무거울까?

▲등장인물을 하늘로 올려 만든 인간 모빌

기중기*에 사람들이 절묘하게 균형을 유지하며 매달려 있다. 한쪽으로 기울어지거나 비뚤어지지도 않는다. 분명 키, 몸무게, 덩치가 다른데도 사람을 매달고 있는 막대는 수평을 이루고 있다. 게다가 이 사람들은 공중에 매달린 채 드럼을 연주하기까지 한다.

아기들의 머리맡에 매달아서 두뇌 활동을 자극하고 발달을 도와준다고만 알고 있던 모빌을 사람으로 만들 생각은 누가 맨 처음 했을까?

기중기
무거운 물건을 들어 올려 아래위나 수평으로 이동시키는 기계다.

등장인물들을 하늘로 올려 인간 모빌을 만드는 퍼포먼스를 펼치는 사람들은 프랑스의 '트랑스 엑스프레스'라는 20년 전통의 유명한 극단이다.

드럼을 연주하는 8명의 사람들이 모빌 끝에 장식처럼 매달려 있기 위해서는 70톤의 크레인과 3.8톤의 수용력을 가진 기중기, 가로 12m×8m 넓이의 방어벽을 설치해야 한다니 그 규모가 얼마나 큰지 짐작할 수 있다.

사진처럼 서로 다른 키와 몸무게를 가진 성인 남자 8명이 모빌 끝에서 균형을 이루며 매달리기 위해서는 어떻게 해야 할까? 이 퍼포먼스를 성공하기 위한 비밀은 과연 무엇일까?

공중 묘기를 보며 긴장하는 이유는?

공중에 매달린 채 멋지게 회전을 하거나 묘기를 부리는 서커스는 관람하는 내내 손에 땀을 쥐게 만든다. 워낙 오랫동안 연습하고 공연한 전문가들이기 때문에 실수할 일은 없겠지만, 사람들이 공중 묘기를 보면서 긴장하는 이유는 매달려 있는 사람이 잡고 있는 줄을 놓치면 아래로 떨어진다는 사실을 알기 때문이다.

중력
지구 위의 물체가 지구로부터 받는 힘을 뜻한다.

높은 곳에서 잡고 있던 공을 떨어뜨리거나 친구들과 서로 공을 주고받을 때 공이 어떻게 운동하는지 관찰한 경험이 있을 것이다. 뉴턴이 사과나무에서 사과가 떨어지는 것을 보고 중력에 대해서 연구했다고 전해지는 것처럼 공이 아래로 떨어지는 것은 중력[*]이 있기 때문이다. 질량이 있는 모든 물체들 사이에는 서로 끌어당기는 힘인 만유인력이 존재하는

▲공중에 매달려 멋진 묘기를 부리고 있다.

데, 특히 지구가 물체를 잡아당기는 힘을 중력이라고 한다.

지구 표면에서 중력은 모든 물체에 아래 방향으로 작용하는데, 이것은 지구가 물체를 지구 중심 방향으로 끌어당기기 때문이다. 이때, 물체의 아래 방향으로 작용하는 중력이 바로 물체의 무게에 해당한다. 물체에 작용하는 중력은 물체의 질량이 클수록 커진다. 예를 들어 골프공의 질량은 탁구공의 질량보다 크므로 더 큰 중력이 작용하여 무게도 더 무겁다.

무게와 질량의 차이가 뭘까?

무게와 질량은 뭐가 다를까? 우리는 무게를 잴 때, kg이라는 단위를 사용한다. 하지만 kg은 무게의 단위가 아니라 질량의 단위다. 우리나라뿐 아니라 미국이나 영국을 제외한 (미국은 무게의 단위로 파운드*를 사용함) 세계 대부분의 나라에서는 질량의 단위인 kg을 사용하고 있다.

이처럼 우리는 생활 속에서 질량과 무게의 개념을 서로 구분하지 않고 사용하고 있다. 그렇기 때문에 우리는 자주 무게와 질량을 혼동하여 사용한다. 질량은 물체가 가지고 있는 물 '질'의 총 '량'으로 줄여서 질량이라고 하며 무게는 그 물체를 당기는 지구 중력의 크기를 뜻한다. 질량은 어느 위치에서 측정하더라도 변하지 않는 양을 뜻한다. 하지만 무게는 위치에 따라서 변할 수 있다.

지구에서의 60kg 달에서의 10kg

▲지구와 달에서의 몸무게 변화

파운드
무게의 단위로, 1파운드는 약 453.592그램에 해당한다. 기호는 lb.

예를 들어, 지구와 중력이 다른

행성에서는 물체의 무게가 덜 나가거나 더 나갈 수 있다. 같은 물체를 지구와 달에서 무게를 쟀다고 생각해 보자. 달의 중력은 지구의 1/6이기 때문에 무게는 지구에서 잴 때의 1/6밖에 되지 않는다. 하지만 질량은 어디에서 재든 변함이 없다.

몸무게를 재는 저울은 무엇으로 만들었을까?

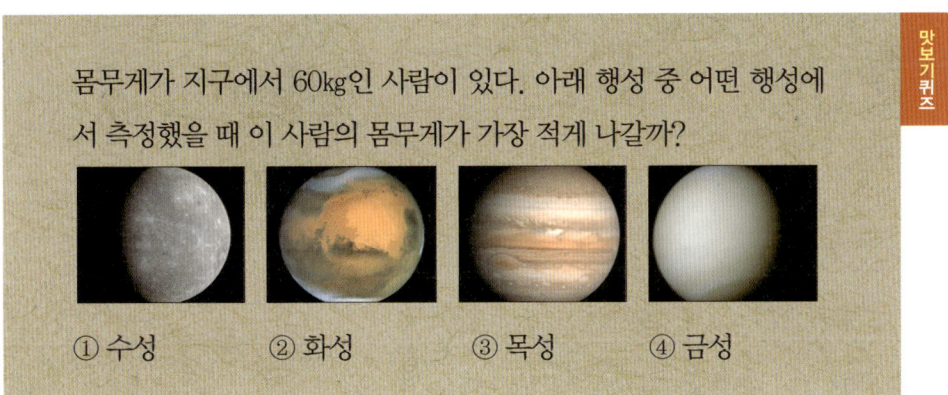

몸무게가 지구에서 60kg인 사람이 있다. 아래 행성 중 어떤 행성에서 측정했을 때 이 사람의 몸무게가 가장 적게 나갈까?

① 수성　② 화성　③ 목성　④ 금성

목욕탕에서 목욕 후 체중계에 올라가 본 경험을 떠올려 보자. 또 슈퍼마켓에서 야채나 과일을 저울 위에 올리는 모습도 떠올려보자. 둘 다 무게를 알기 위해 체중계나 저울을 사용했다.

무게를 재는 방법에는 여러 가지가 있다. 그중 흔하게 사용되는 것이 바로 체중계나 저울과 같이 용수철을 이용하는 것이다.

용수철을 힘껏 잡아당기면 길이가 늘어났다가 손을 놓으면 다시 제자리로 돌아온다. 반대로 용수철을 누르면 길이가 짧아졌다가 손을 놓으면 다시 원래 모양으로 돌아온다. 이처럼 모양이나 길이를 변화시키는 외부의 힘이 없어지면 다시 원래의 모양과 크기로 돌아오려는 성질을 탄성이라고 한다. 이렇게 용수철에 힘을 가하면 가할수록 용수철이 더 많이 늘어난다는 성질을 이용한 것이 바로 용수철저울이다.

목욕탕에서 볼 수 있는 체중계에도 용수철이 들어 있다. 몸무게를 재기 위해 체중계 위에 올라서면 안에 들어 있는 평면 받침이 눌러져 그 힘을 용수철에 전달한다. 체중계 위에 서 있는 사람의 몸무게만큼 용수철이 늘어나게 되고, 동시에 저울 안의 톱니바퀴는 숫자가 쓰인 눈금판을 돌려 그 값을 보여 준다. 반대로 체중계에서 내려오면 용수철은 다시 원래 모양으로 돌아가 눈금도 0을 가리키게 된다.

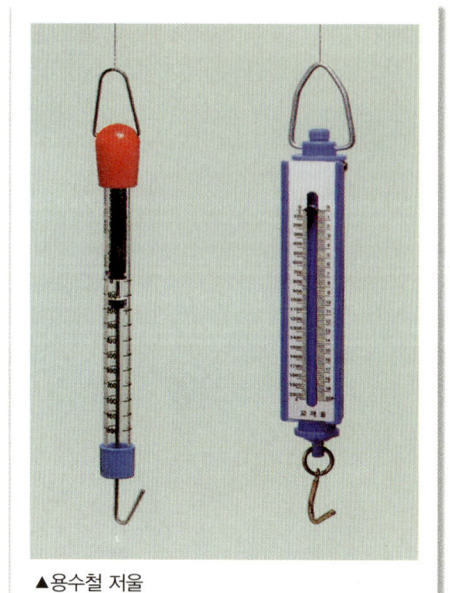

▲용수철 저울

▲저울의 내부 모습

한편 물체가 가지는 고유의 값인 질량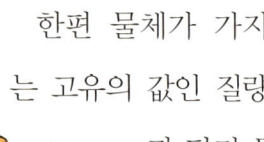

과 달리 무게는 장소에 따라 변한다. 특히 같은 사람이라도 어떤 행성에 있느냐에 따라 몸무게가 달라지는데, 이는 행성마다 중력이 다르기 때문이다. 지구에서의 중력을 1이라고 했을 때 각각의 행성이 가지는 중력의 크기는 다음과 같다. 이를 바탕으로 지구에서 110 kg의 몸무게를 갖는 사람이 다른 행성에서는 그 무게가 어떻게 달라지는지 알아보자.

행성	표면 중력(지구=1)	지구에서 몸무게가 110kg일 때 각 행성에서의 몸무게(kg)
수성	0.38	41.9
금성	0.91	101.4
지구	1	110
화성	0.39	42
목성	2.37	257.9
토성	0.95	103.6
천왕성	0.94	94.8
해왕성	1.15	125.7

▲각 행성별 중력의 크기와 행성에서의 몸무게

너와 나, 균형 맞추기

잘 익은 무를 실에 매달아 다음 그림처럼 수평이 되도록 만들었다. 실로 묶은 부분을 기준으로 해서 무를 나눴을 때, 그 2조각은 과연 공평하게 나눠진 것일까?

맛보기퀴즈

양팔 저울을 사용하면 겉보기에 무게가 아주 비슷해 보이는 물체끼리의 무게도 쉽게 비교할 수 있다. 수평을 이루고 있는 양팔 저울 양쪽에 측정하려고 하는 물체를 올려놓으면 무거운 물체 쪽으로 기울기 때문이다. 이

▲양팔 저울

러한 양팔 저울의 원리는 놀이터에 있는 시소를 생각해 보면 쉽게 이해할 수 있다.

놀이터에 있는 시소를 타 본 경험을 떠올려 보자. 친구와 시소 양 끝의 같은 자리에 앉았을 때, 무거운 사람 쪽의 시소가 아래로 기우는 것을 경험한 적이 있을 것이다. 이때 시소가 어느 한쪽으로도 기울지 않고 수평을 이루기 위해서는 어떻게 해야 할까? 시소의 수평을 맞추는 법은 누가 가르쳐 주지 않아도 친구와 시소를 타며 즐겁게 노는 가운데 쉽게 발견할 수 있다. 몸무게가 더 나가는 사람이 시소의 중심에 더 가까이 앉으면 된다.

시소에서 균형을 맞추는 비밀은 바로 시소의 중심, 즉 받침점으로부터 사람

▲시소를 타는 아이들

이 얼마나 떨어져 있는가에 있다. 따라서 무게가 다른 두 물체가 수평을 이루기 위해서는 무거운 물체는 받침점으로부터 가까운 곳에 놓고, 가벼운 물체는 받침점으로부터 먼 곳에 놓아야 한다.

수평 잡기의 원리를 이용한 저울 중에는 우리 조상들이 사용했던 대저울이 있다. 대저울은 저

울대, 추, 끈으로 이루어져 있다. 대저울은 눈금을 매긴 저울대에 물체를 매단 후 물체의 무게에 따라 추를 이리저리 움직여 평형을 이루었을 때 물체의 무게를 알아낸다.

▲ 대저울

만약 대저울이 어느 한쪽으로 기울어지지 않고 수평을 이루고 있다면, 그것은 추와 물체의 무게가 같아지는 지점을 저울 끈이 받치고 있기 때문이다. 이 지점이 바로 대저울의 무게 중심이다. 무게 중심을 받치면 물체 전체를 받칠 수 있다.

넘어지거나 쓰러지는 물체를 봤을 때, 우리는 두 가지를 생각할 수 있다. 하나는 '무게 중심이 물체의 받침면 위에 있다면 넘어지지 않는다.'이고, 다른 하나는 '무게 중심이 물체의 받침면 밖에 있다면 넘어진다.'이다.

이 두 가지만 알면, 이탈리아에 있는 피사의 사탑이 왜 쓰러지지 않는지 설명할 수 있다. 피사의 사탑이 쓰러지지 않는 것은 탑의 무게 중심이 탑의 바닥 안에 있기 때문이다.

수평 잡기와 무게 중심에 대해서 알았으니 앞부분에 나왔던 맛보기퀴즈로 돌아가 보자. 잘 익은 무를 실에 매달아 수평을 이루게 한 뒤 둘로 나누는 것은 과연 공평

한 일일까?

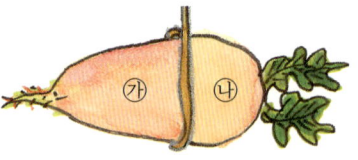

얼핏 보면, '가' 부분이 '나' 부분보다 더 양도 많고 무거워 보인다. 그래서 '가'부분을 갖는 것이 유리할 것 같다. 아니면 수평을 이루고 있으므로 어느 쪽을 갖더라도 상관없을 것 같다. 그러나 무가 수평을 이룬다는 것은 '나' 부분의 무게 중심이 '가' 부분의 무게 중심보다 실을 매단 부분(받침점)으로부터 더 가깝다는 것을 뜻한다. 실을 매단 부분(받침점)으로부터 '나'부분은 짧고 '가'부분은 길기 때문이다. 즉, 시소의 경우처럼 받침점으로부터 더 가까운 '나' 부분이 가 부분보다 더 무겁다. 결국, 공평하게 나눈 것처럼 보이지만 실제로 '나' 부분을 가진 사람이 더 많은 무를 먹게 된다.

여자는 되는데 남자는 안 되는 것은?

남자와 여자의 무게 중심은 서로 다른 곳에 있기 때문에 여자가 할 수 있는 동작을 남자는 못하는 경우가 있다.

무게 중심이란 물체의 각 부분에 작용하는 중력의 합력의 작용점으로써, 모든 물체는 무게 중심을 가지고 있다. 여자들은 대부분 무게 중심이 배꼽보다 아래쪽에 있기 때문에 무릎을 꿇고 엎드리는 자세나 벽 앞에서 의자를 들고 일어서는 것에 어려움을 느끼지 않는다. 하지만 남자들은 대부분 배꼽보다 위쪽에 무게 중심이 있으므로 무릎을 꿇고 엎드리는 자세를 하면 무게 중심이 몸을 받치고 있는 다리를 벗어나게 되어 균형을 잃고 고꾸라지게 된다.

아기들의 첫 번째 장난감, 모빌!

움직이는 조각이나 공예품을 모빌이라고 한다. 여러 가지 모양의 조각을 가느다란 철사 또는 실에 매달아 균형을 이루게 한 것으로 항상 평형 상태를 유지하면서 움직인다.

모빌은 1932년 미국의 조각가 H. 콜더의 작품이 오브제 모빌(움직이는 오브제)이라는 명칭으로 불리면서 사용된 미술 용어다. 우리말로는 '흔들개비'라고도 하는데 태어난 지 얼마 되지 않아 하루 종일 누워만 있는 아기를 위해 천장 또는 침대 머리맡에 달아 주는 장난감을 말한다.

공중에 매달린 모빌은 정확히 균형을 유지해야 한다. 모빌이 정확하게 균형을 유지하면서 빙글빙글 돌아갈 때 모빌의 아름다움은 더욱 돋보인다.

그렇다면 모빌이 정확하게 균형을 이루기 위해서는 어떻게 해야 할까? 모빌이 균형을 잡는 원리는 몸무게가 서로 다른 두 사람이 시소에 앉았을 때 균형을 잡는 원리와 똑같다.

모빌은 위쪽으로 끈을 매단 받침점을 중심으로 한쪽은 짧은 팔, 다른 쪽은 긴팔의 구조로 이루어져 있다. 받침점에서 가까운 짧은 팔 끝에는 무거운 물체를, 받침점에서 먼 긴 팔 끝에는 가벼운 물체를 달아 모빌의 수평을 유지한다.

▲ 평형 상태를 유지하는 모빌

인간 모빌의 비밀

이제는 모빌에 드럼 치는 사람들이 매달려 있다고 생각해 보자.

먼저 수평 잡기 원리를 통해 살펴볼까? 모빌이 수평을 이루도록 매단 받침점으로부터 먼 쪽에는 한 사람이 매달려 있지만 받침점으로부터 가까운 쪽에는 세 사람이 매달려 있다. 하지만 막대는 어느 쪽으로 기울지 않고 수평을 유지하고 있다. 세 사람이 매달려 있는 곳을 살펴봐도 마찬가지다. 이처럼 받침점으로부터 먼 곳에는 가벼운 물체를, 받침점으로부터 가까운 곳에는 무거운 물체를 매달아야 한다는 원리가 인간 모빌에도 적용된다.

▲인간 모빌

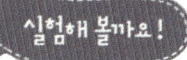

균형 잠자리 만들기

가을날 나뭇가지 끝이나 풀잎 위에 아슬아슬하게 균형을 잡고 앉아 있는 잠자리를 만들어 보자.

 준비물

A4용지, 가위, 색연필, 풀, 두꺼운 도화지, 셀로판테이프, 10원짜리 2개, 연필이나 뾰족한 것

 탐구 순서

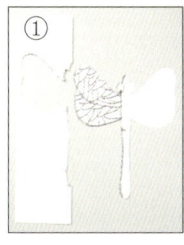

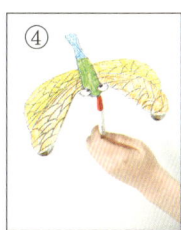

① A4용지를 반으로 접어 반쪽에만 잠자리 그림을 그린 후, 오려서 좌우가 대칭인 잠자리를 만든다. 이때 잠자리 날개가 머리보다 앞쪽으로 길게 나가게 그린다.

② 잠자리를 두꺼운 도화지에 붙인다.

③ 잠자리 날개 양 끝에 10원짜리 동전을 하나씩 붙인다.

④ 잠자리 입 부분을 뾰족한 연필의 끝이나 손가락 끝에 올려 본다. 만약 잠자리가 균형을 못 잡을 경우 동전 한 개씩을 더 붙여 날개 앞쪽을 무겁게 해 준다.

🧪 실험 결과

종이로 만든 잠자리를 자세히 보면 날개가 앞쪽으로 길게 나와 있다. 그렇다면 종이 잠자리의 무게 중심은 어디에 있을까? 연필이나 손가락 끝에 올려 놓았을 때 균형을 이루는 부분이 바로 잠자리의 무게 중심이다.

🧪 생각 나누기

· 무게 중심이 물체 안에 없는 것도 있을까?
· 물체의 균형을 잡을 때는 물체의 어느 부분을 잡는 것이 좋을까?

Chapter 05

어른에게는 들리지 않는 소리의 비밀

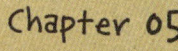

어른에게는 들리지 않는 소리의 비밀

▲속닥속닥! 귓속말로 비밀 이야기를 하는 아이들

어른들은 들을 수 없고 우리들끼리만 들을 수 있는 소리가 있다면 얼마나 신이 날까? 어른들 몰래 우리만 아는 비밀 이야기를 할 수 있을 테니까.

실제로 아이들에게는 잘 들리지만 어른들은 잘 들을 수 없는 소리가 있다. 2006년에 영국의 한 보안 업체에서 10대에게만 들리는 소리를 내는 기계를 개발했다. 사실 이 기계는 쇼핑몰에서 어슬렁거리는 불량 학생들을 쫓아내기 위해 만들어졌다. 이 기계는 귀에 듣기 싫은 소리를 들려줌으로써 불량 학생들이 쇼핑몰 근처에 오지 못하게 막았다. 쇼핑몰 주인들은 이 기계를 반가워했으나 아동 단체에서는 인권 침해라는 문제점을 지적했다고 한다.

이 기계에서 나는 소리는 10대에게만 들린다고 하여 '틴벨'이라는 이름의 휴대폰 벨소리로 인기를 끌기도 했다. '틴벨'을 벨소리로 해 놓으면 수업 시간에 선생님에게 들킬 염려 없이 휴대폰을 사용할 수 있었기 때문이다. 학생들은 들을 수 있지만 10대가 아닌 선생님은 전화벨이 울려도 그 소리를 들을 수 없었다.

'틴벨'이 아이들에게는 들리지만 어른들에게는 들리지 않는 것은 어떤 원리 때문일까?

소리는 어떻게 들리는 걸까?

잠시 눈을 감고 귀를 기울여 보고 어떤 소리가 들리는지 집중해 보자. 아무리 주위가 조용하더라도 귀를 쫑긋 세우면, 우리는 많은 소리를 들을 수 있다. 이러한 소리는 어떻게 생기는 것일까?

말을 할 때 목에 손을 가져다 대 보자. 소리가 나는 텔레비전이나 라디오 스피커에도 손을 대 보자. 또한 트라이앵글을 소리 낸 후 손을 대 보자. 어떤 느낌이 날까?

여러 가지 방법으로 물체에 소리를 나게 한 뒤 그 물체를 만져 보면 물체가 떨고 있는 것을 느낄 수 있다. 이렇게 떠는 것을 '진동한다.'고 표현한다.

소리를 낼 때 물체는 진동한다. 물체의 진동이 주변의 공기를 진동

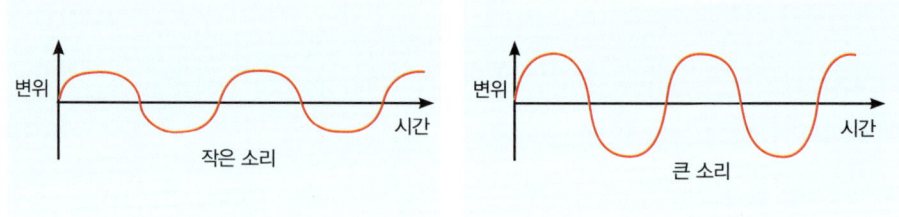

변위 시간 작은 소리

변위 시간 큰 소리

▲작은 소리와 큰 소리의 진동 크기　　　　　　　　※변위:위치의 변화

시키고, 공기의 진동이 귀에 있는 고막을 자극한다. 이를 통해 우리는 소리를 들을 수 있다. 진동의 크기가 클수록 소리는 크고, 진동의 크기가 작을수록 소리가 작다.

소리를 내는 악기의 공통점을 찾아라!

　우리나라의 전통 악기와 서양 악기 모두 특색 있는 소리를 내어 아름다운 음악을 만들어 낸다. 이처럼 모양도 다양하고 소리도 다양한 악기에는 공통점이 있다. 무엇일까? 세상의 모든 악기는 진동한다는 것이다.

　드럼과 장구는 두드리면 악기가 진동하여 소리가 난다. 이렇게 두드려서 소리를 내는 악기를 '타악기'라 한다. 기타, 바이올린, 피아노는 악기의 줄을 튕기거나 때리면 줄이 진동하여 소리가 난다. 줄을 이용하여 소리를 내는 악기를 '현악기'라고 한다. 또 플루트, 트럼펫, 대금은 관에 공기를 불어넣으면 관 속의 공기가 진동하여 소리가 난다. 관에 공기를 불어넣어 소리를 내는 악기를 '관악기'라고 한다.

악기다

타악기	현악기	관악기
장구 드럼	기타 바이올린 피아노줄	플루트 트럼펫 단소

우주에서 친구와 수다가 가능할까?

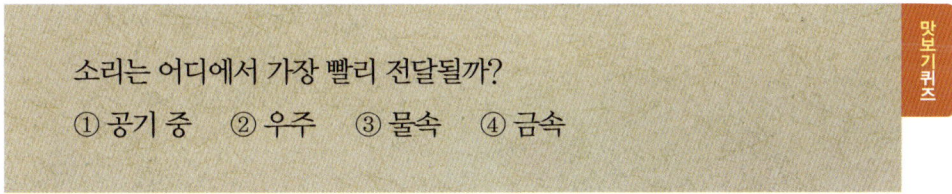

소리는 어디에서 가장 빨리 전달될까?
① 공기 중   ② 우주   ③ 물속   ④ 금속

맛보기퀴즈

소리는 진동에서 생긴다. 진동이 전달돼야 소리도 들을 수 있다. 그럼 진동을 전달하는 역할은 누가 할까? 눈에 보이지는 않지만 늘 우리 주변에 존재하는 '공기'가 그 역할을 톡톡히 한다. 공기 덕분에 우리는 친구들과 즐겁게 이야기를 나눌 수 있다.

그럼 우주에서도 친구와 이야기를 할 수 있을까? 공기가 있는 우주선 안에서는 대화를 할 수 있다. 하지만 우주 공간은 공기가 없는 진공 상태이기

때문에 대화를 할 수 없다. 진동을 전해 주는 물질이 없으면 소리가 전달되지 않는다. 주변에 진동을 전달해 주는 물질이 있어야만 소리가 전달된다.

그렇다면 바다 속에서도 과연 소리가 전달될까? 바다 속은 물로 가득 차 있기 때문에 물을 통해 소리가 전달될 수 있다. 물을 통해 전달되는 소리는 공기에서보다 4배 정도 더 빠르다고 한다. 기회가 된다면, 물속에 잠수를 해 보자. 물속에서는 물 밖의 소리는 잘 들리지 않지만 물속에서 나는 소리는 크게 들린다.

인디언은 보이지도 않는 먼 곳으로부터 '누군가 온다.'는 사실을 알 수 있었다고 한다. 그 방법은 바로 땅에 귀를 대는 것이다. 땅에 귀를 댔을 때 들리는 말발굽 소리와 발걸음 소리를 통해 누군가 온다는 사실을 알 수 있었다. 땅은 공기보다 소리를 더 빠르게 전달할 수 있다. 그렇기 때문에 가만히 있을 땐 들리지 않는 소리를 땅에 귀를 댔을 때 들을 수 있다. 마찬가지로 멀리서 오는 기차 소리를 잘 듣기 위해서는 철도 선로에 귀를 대면 된다. 철이 전

어랏! 말발굽 소리다! 누군가 이쪽으로 오고 있어!

달하는 소리의 빠르기는 공기가 전달하는 경우의 20배나 된다고 한다.

이처럼 진동을 전달해 주는 물질만 있으면, 소리는 기체뿐 아니라 액체, 고체를 통해서도 전달이 된다.

그럼 어디에서 소리가 가장 빨리 전달될까? 위의 내용을 유심히 살펴보았다면 짐작할 수 있다. 소리는 땅이나 철과 같은 고체에서 가장 빠르게 전달되고 물과 같은 액체가 기체보다 더 빠르게 소리를 전달한다. 즉, 소리는 기체인 공기 중에서 가장 느리게 전달된다.

소곤소곤 속삭이는 회랑?

영국 런던에 있는 성 바오로 대성당은 '속삭이는 회랑'이라는 별명을 가지고 있다. 그곳에서 신기한 현상을 볼 수 있기 때문에 이러한 별명을 얻었다.

회랑은 좁고 긴 통로를 말한다. 이미지가 떠오르지 않는다면 복도를 한번 떠올려 보자. 속삭이는 회랑의 한쪽 벽에 대고 작은 소리로 속삭이면 멀리 있는 반대편 복도에서도 속삭인 소리를 또렷하게 들을 수 있다. 이 현상의 비밀은 소리의 반사에 있다.

소리는 물체에 부딪히면 반사하는 성질이 있다. 이 성질 때문에 회랑의 한쪽 벽에 대고 소리를 내면 소리가 반사되면서 전달되기 때문에 반대편의 벽에서도 그 소리를 들을 수 있다.

▲성 바오로의 속삭이는 회랑

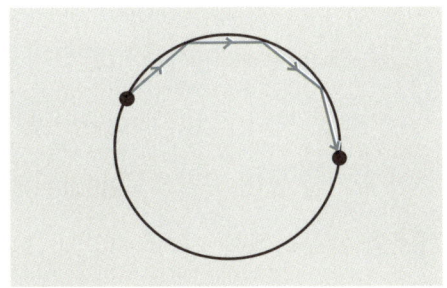
▲회랑 벽에 소리가 반사되는 모습

한편 미국 국회 의사당의 스태추어리 홀에서 현상을 느낄 수 있다. 스태추어리 홀은 타원 모양으로 만들어진 방인데, 이러한 방의 어느 한 초점에서 작은 소리로 속삭이면 소리가 반사되어 다른 초점 위치에 서 있는 사람은 그 소리를 또렷하게 들을 수 있다.

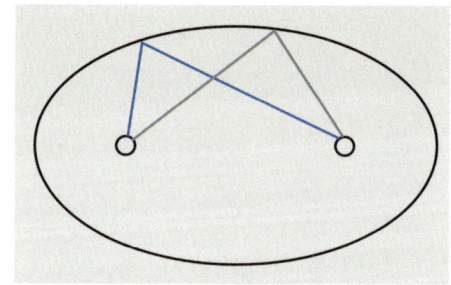

▲스태추어리 홀에서 소리가 반사되는 모습

귀를 샅샅이 파헤쳐 보자 팍 팍!

다음 중 귀가 할 수 있는 일은?
① 소리 듣기 ② 균형 잡기 ③ 압력 조절 ④ 움직임 감지

우리의 귀를 한번 만져 보자. 겉으로 보이는 부분은 소리를 모아 주는 귓바퀴다. 강아지가 귀를 쫑긋 세우는 모습을 떠올려 보자. 강아지가 이런 행동을 하는 것은 소리를 더 잘 모으기 위해서다. 소리가 잘 모아질수록 잘 들리기 때문이다.

이렇게 해서 모아진 소리는 귀의 통로인 외이도를 지난다. 외이도에는 털이 있는데 이 털은 먼지나 이물질이 들어오는 것을 막아 주는 역할을 한다.

외이도를 따라 조금 더 깊숙이 들어가면 고막을 만날 수 있다. 소리의 진동이 공기를 통해 고막으로 전달되면, 고막이 떨린다. 이러한 고막의 진동은 청소골(이소골)에서 커지는데, 약 30배 정도로 커진다. 이렇게 커진 진동이 달팽이집 모양의 달팽이관에 전달되어 청세포를 자극하고, 달팽이관은 소리

의 진동을 청세포가 알아차릴 수 있도록 도와준다. 청세포가 알아차린 소리는 청 신경에 의해 뇌로 보내지고 결국 우리는 소리를 듣게 된다.

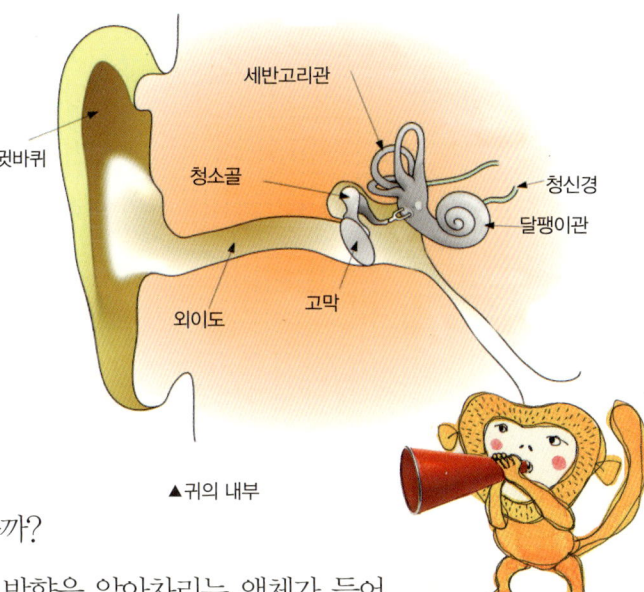
▲ 귀의 내부

한편 귀가 소리를 듣는 일만 하는 것은 아니다. 귀는 소리를 듣는 것 이외에도 중요한 역할을 한다. 귀는 균형을 잡고 몸을 똑바로 설 수 있도록 도와준다. 그럼 균형을 잡는 것과 귀는 어떤 상관이 있을까?

귀 속에 있는 세반고리관에는 움직임의 방향을 알아차리는 액체가 들어 있다. 코끼리 코를 하고 왼쪽 방향으로 열 바퀴를 돌아보자. 다 돌고 난 후에는 아마 어지러워서 제대로 걷기 어려울 것이다. 몸은 멈추었어도 세반고리관의 액체는 계속 돌기 때문에 이러한 어지러움이 생긴다. 따라서 어지러움을 조금 나아지게 하기 위해서는 반대 방향으로 돌아 액체의 움직임을 멈추게 하면 된다.

우리가 평소에 똑바로 걸을 수 있는 것은 세반고리관 옆에 있는 전정 기관때문이다. 전정 기관 안에는 작은 돌 같은 것이 있다. 이 돌은 우리 몸이 한쪽으로 기울어져 있을 때, 그 아래의 섬모가 눌려져 '몸이 기울어져 있구나.'라고 느끼도록 해 준다.

평형을 담당하는 세반고리관과 전정 기관이 자극을 받으면 몸의 평형 감각이 깨져 어지러운 증상이 생길 수 있다. 그래서 귀에 염증이 생기는 중이

염 등의 질환이 생기면, 어지러움을 느끼기도 한다.

귀는 몸의 압력을 조절하는 역할도 한다. 높은 산에 올라가거나 비행기를 타면 귀가 먹먹해지는 것을 느낄 수 있다. 이는 고막 안쪽과 바깥쪽의 압력에 차이가 생겨 고막이 팽팽해져서 생기는 현상이다.

멀미약은 왜 귀 밑에 붙일까?

버스나 배를 오래 타다 보면 멀미가 난다. 이러한 멀미는 귀 속의 세반고리관과 전정 기관이 평형을 유지하기 위해 노력하는 과정에서 생기는 증상이다.

버스나 배가 흔들리면, 이 흔들림이 고스란히 세반고리관과 전정 기관에 전해진다. 이때 우리 몸은 평형을 유지하기 위해 노력하는데, 그럼에도 불구하고 흔들림에 대한 자극이 계속 전해지면, 우리 몸은 급격하게 피로함을 느끼게 되고, 결국 어지러움, 두통, 메스꺼움과 같은 멀미 증상이 생긴다. 그래서 몸의 흔들림을 예민하게 느끼지 못하도록 세반고리관과 전정 기관을 마비시키기 위해 귀 밑에 멀미약을 붙인다.

동물들은 어떻게 대화를 할까?

맛보기퀴즈

여름의 적! 모기를 퇴치하는 방법은?
① 소리 ② 냄새 ③ 빛 ④ 연기

▲모기

사람들이 '말'을 통해 대화를 하듯이 동물들도 그들만의 언어로 대화를 한다. 동물들은 어떤 언어를 사용할까?

박쥐는 굉장히 높은 소리인 초음파를, 코끼리는 굉장히 낮은 소리인 초저주파를 이용해 대화를 한다. 특히 초음파는 우리 귀에는 들리지 않는 굉장히 높은 소린데, 만약 그 소리를 듣는다면 너무 시끄러워 견딜 수 없을 것이다.

박쥐는 시력이 굉장히 나쁜데도 어두운 곳에서 부딪히지 않고 날아다닐 수 있다. 이는 박쥐가 소리를 이용해 물체의 위치를 감지하기 때문이다. 박쥐는 자신이 낸 초음파가 물체에 반사되어 돌아오는 것을 이용해 물체가 얼마나 멀리 있는지 알 수 있다.

쥐와 돌고래도 박쥐처럼 초음파를 이용해 대화를 한다. 우리가 들을 수 있는 '찍찍' 하는 쥐 소리는 쥐가 내는 소리의 일부에 불과하며 초음파를 이용한 쥐의 대화 소리를 우리는 들을 수 없다.

코끼리는 우리 귀에는 들리지 않을 정도로 낮은 소리인 초저주파를 이용해 대화한다. 특히 코끼리 암컷들은 초저주파를 통해 멀리 있는 수컷들에게 신호를 보냄으로써 짝짓기를 한다고 한다.

높은 소리인 초음파는 멀리 전달되지 못하지만 낮은 소리인 초저주파는 굉장히 멀리 전달이 된다. 그래서 코끼리들은 수십km 떨어져 있어도 서로 연락할 수 있다. 고래 중 일부도 초저주파로 의사소통을 한다. 특히 물속에서는 공기 중에서보다 소리가 멀리 가기 때문에 고래들은 수백km 떨어진 곳에서도 의사소통을 할 수 있다.

▲박쥐는 초음파를 이용해 대화한다.

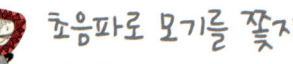
초음파로 모기를 쫓자!

여름철 득실대는 모기에 대항하는 방법에는 무엇이 있을까? 살충제를 뿌리는 방법도 있고, 모기향을 피우는 방법도 있다. 요즘에는 몸에 모기를 쫓는 스티커를 붙이기도 한다. 만약 소리만으로도 모기를 쫓을 수 있다면 어떨까? 잘 알아 둬서 여름에 활용해 보자!

모기 중에 사람의 피를 빨아 먹는 모기는 산란기(알을 낳는 시기)에 있는 암모기다. 따라서 산란기의 암모기가 싫어하는 소리를 내면, 근처에도 얼씬거리지 않는다.

그럼 암모기가 싫어하는 소리는 무엇일까? 바로 모기의 천적인 잠자리의 날개 소리와 수모기의 날개 소리다. 따라서 잠자리의 날개 소리인 120Hz*~150Hz나, 수모기의 날개 소리인 1만2000~1만7000Hz의 초음파를 발생시키면 암모기를 쫓을 수 있다. 이 소리를 핸드폰에 저장해 두고 여름철에 켜 놓으면 피를 빨아 먹는 암모기가 주변에 다가오지 않을 것이다.

Hz(헤르츠)
Hz(헤르츠)는 1초 동안의 진동수를 말한다. 1초 동안 1번 진동하면 1Hz다. 소리의 경우 진동수가 많을수록 높은 소리이고, 진동수가 적을수록 낮은 소리다.

고속도로가 노래를 부른다고?

우리나라에는 노래하는 고속도로가 있다. 일본에 이어 세계에서 두 번째로 노래하는 고속도로를 만든 것인데, 이것은 서울 외곽 순환 고속도로(판교방면 103.2km)와 상주－청원 고속도로(청원에서 상주 쪽으로 68.6km)에 있다.

이 고속도로는 졸음운전을 하는 운전자를 비롯하여, 부주의로 인한 사고가 생기지 않도록 만든 것이다. 이 구간은 시속 110km가 제한 속도인데, 시속 100km에서 가장 듣기 좋은 멜로디를 들을 수 있도록 설계됐다. 시속 100km보다 조금 빠르게 달리면 노래가 빨리 끝나고 조금 천천히 달리면 노래가 늦게 끝난다. 노래를 듣기 위해 천천히 달리면 오히려 '웅~ 웅~' 하는 소리가 귀신 울음소리처럼 들려 등골이 오싹해지기도 한다. 그런데 어떻게 고속도로가 노래를 할 수 있는 걸까?

원래 고속도로 바닥에는 미끄럼과 과속을 방지
하는 홈을 파 놓는다. 차가 이곳을 지나면, 타이어
와 도로의 마찰로 인해 '드르륵' 하는 소리가 소리
를 이용하여 노래를 만든다. 홈과 홈 사이의 간격
에 따라 소리의 높낮이가 달라지고, 개수에 따라
서 음의 길이가 달라지는데 홈 사이의 간격이
넓을수록 낮은 소리가 나고, 좁을수록 높은 소

▲노래하는 고속도로

리가 난다. 이 원리에 따라 노래하는 고속도로를 지날 때 '비행기' 와 '자전거'
노래를 들을 수 있다.

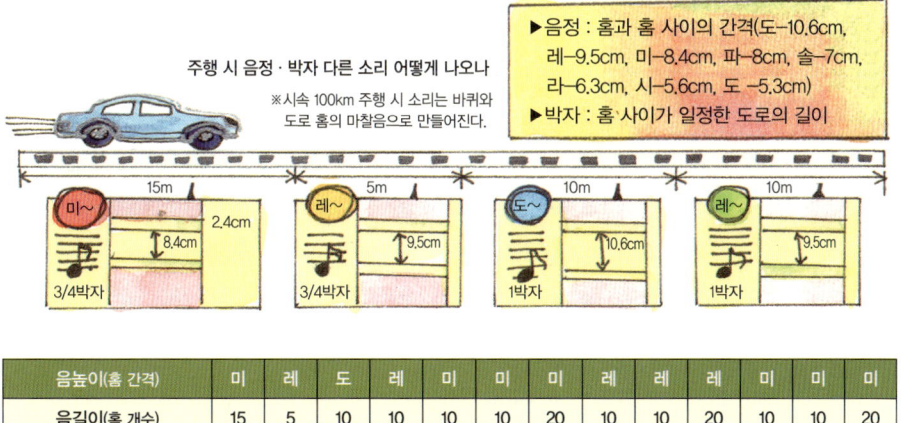

주행 시 음정·박자 다른 소리 어떻게 나오나

※시속 100km 주행 시 소리는 바퀴와
도로 홈의 마찰음으로 만들어진다.

▶음정 : 홈과 홈 사이의 간격(도−10.6cm,
레−9.5cm, 미−8.4cm, 파−8cm, 솔−7cm,
라−6.3cm, 시−5.6cm, 도 −5.3cm)
▶박자 : 홈 사이가 일정한 도로의 길이

음높이(홈 간격)	미	레	도	레	미	미	미	레	레	레	미	미	미
음길이(홈 개수)	15	5	10	10	10	10	20	10	10	20	10	10	20
음높이(홈 간격)	미	레	도	레	미	미	미	레	레	미	레	도	
음길이(홈 개수)	15	5	10	10	10	10	20	10	10	15	5	40	

▲비행기 노래에 따른 홈 간격과 개수

두꺼비의 사랑 노래

두꺼비 세계에서는 덩치 큰 수컷 두꺼비가 아이돌 스타, '빅뱅'만큼이나 인기가 있다.
보통 덩치가 큰 수컷 두꺼비는 묵직한 저음을 내기 때문에, 암컷 두꺼비들은 굵직한 소리를
들으면, 덩치 큰 수컷 두꺼비인 줄 착각하고 다가간다. 암컷 두꺼비들에게 인기를 얻고 싶은
수컷 두꺼비들은 저음을 내기 위해 노력하는데, 같은 몸집이라도 서늘한 곳에서 울음 소리를
내면 더 낮고 굵은 소리가 난다. 하지만 이 사실을 잘 알고 있는 덩치 큰 수컷들이 가만히 있
을 리가 없다. 덩치 큰 수컷들은 덩치만큼 힘도 세
기 때문에, 서늘한 장소에 덩치가 작은 두꺼비들이
다가오지 못하도록 막는다.

결국 짝짓기를 하는 시기에 연못의 서늘한 곳에는
덩치 큰 수컷들이 자리를 차지하고 암컷을 유혹하
는 사랑 노래를 부른다.

▲두꺼비

이 세상에는 우리가 못 듣는 소리도 있다

다음 중 난청의 증상은 어떤 것일까?
① 휘파람 소리, 새소리를 잘 못 듣는다.
② 큰 소리를 못 듣는다.
③ 속삭이는 작은 소리를 못 듣는다.
④ 낮은 소리를 듣지 못한다.

사람의 귀가 들을 수 있는 소리는 한정돼 있다. 젊은 사람들이 들을 수 있
는 소리는 20~2만Hz사이의 소리다. 20Hz 이하의 소리는 '초저음파'라고 하

고, 2만Hz 이상의 소리는 '초음파'라고 하는데, 앞에서도 말했듯이 우리는 초
저음파와 초음파의 소리를 들을 수 없다.

들을 수 있는 소리는 나이에 따라서도 다르다. 사람의 청력은 보통 20세
이상이 되면 서서히 나빠지기 시작한다.

10대들만 들을 수 있는 '틴벨'은 높은 소리인 고주파를 이용한 것이다. 귀
의 신경이 손상되지 않은 10대들은 들을 수 있지만 나이가 들어 청력이 약해
진 어른들은 듣지 못한다. 하지만 요즘 학생들은 이어폰을 이용해 음악을 많
이 들어 귀의 감각 신경이 일찍 손상되는 경우가 많다. 그래서 청소년임에도
불구하고 '틴벨' 소리를 못 듣는 아이들도 있다.

건강한 귀를 위해서

요즘에는 어린 학생들도 난청*이 되는 경우가 많다. 귀의 청
세포는 소음을 오래 들으면 손상되는데 MP3나 휴대 전화로 큰 소리의 음
악을 듣는 친구들이 많기 때문이다. 귀의 건강을 위해서는 되도록 큰 소
리를 듣지 않는 것이 좋고, 어쩔 수 없는 경우에는 1시간에 10분 정도 조

난청
듣는 능력이 부분적으로 또는 완전히 없어
지는 것이다. 난청은 폭발음과 같은 큰 소
리에 의해 생기기도 하지만 작은 소음도
오랫동안 들으면 난청이 생길 수 있다.

용한 곳에서 귀를 쉬게 하는 것이 좋다.

귀지를 마구 파내는 것도 좋지 않다. 귀지는 외부에
서 침입하는 박테리아를 분해하여 귀를 보호하기 때
문이다. 그리고 귀에 물이 들어갔을 경우 제자리 뛰기
를 하거나 따뜻한 것을 귀에 대 자연스럽게 말리는 것
이 좋다.

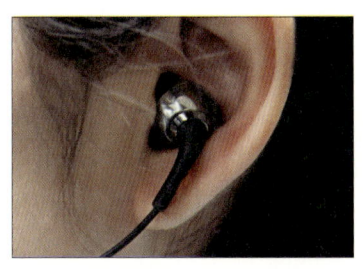
▲큰 소리의 음악은 귀 건강에 좋지 않다.

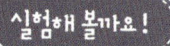

진동수 분석 장치 만들기

소리는 진동에 의해서 생기고, 진동이 전달되어야 소리를 들을 수 있다. 그렇다면 소리를 눈으로 볼 수는 없을까? 진동수 분석 장치를 만들어 소리를 눈으로 확인해 보자.

 준비물

빨대, 핀, 플라스틱 선(빗자루), 가위, 접착제 또는 글루건, 종이컵

탐구 순서

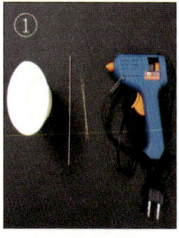
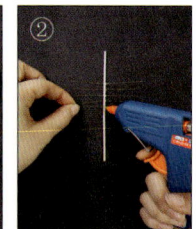
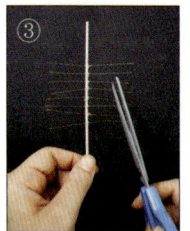
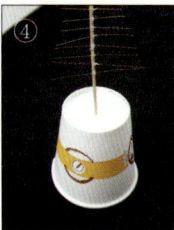

① 빨대, 핀, 플라스틱 선, 글루건, 가위, 종이컵 등을 준비한다.

② 빨대에 플라스틱 선 6~10개를 접착제를 이용해 붙인다. 간격은 약 0.5cm 정도로 일정하게 붙인다. ※접착제를 다룰 때는 여기저기 묻지 않도록 주의한다.

③ 플라스틱 선의 길이가 다르도록 가위로 비스듬하게 잘라 낸다.

④ 빨대를 종이컵 뒷면의 중앙에 고정시킨다. 종이컵에 입을 대고 소리를 내면서 소리의 높낮이에 따라 플라스틱 선의 움직임이 달라지는 것을 관찰해 본다.

📋 실험 결과

종이컵에 입을 대고 높은 소리와 낮은 소리를 내보자. 소리의 높낮이에 따라 다른 플라스틱 선이 떨리는 모습을 관찰할 수 있다.

🧪 생각 나누기

· 종이컵에 대고 소리를 내면 플라스틱 선이 어떻게 될까?

· 높은 소리와 낮은 소리를 내면 각각 플라스틱 선이 어떻게 될까?

· 소리를 눈으로 볼 수 있는 이유는 무엇일까?

Chapter 06

피라미드 속
필라멘트?

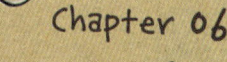

피라미드 속 필라멘트?

▲이집트 덴트라의 하토르 신전

　세계 7대 불가사의 중에 하나인 피라미드. 풀리지 않는 수수께끼 중 하나는 피라미드 안에 빛이 들어오는 창문이 없다는 것이다. 창문이 없어서 내부에 벽화를 그리거나 작업을 하기 위해서는 어둠을 밝혀 줄 불이 필요한 것은 당연한 일! 그런데 어둠을 밝히기 위해 횃불을 사용했다면 피라미드의 천장이나 벽에 그을음이 남아 있어야 하는데, 신기하게도 피라미드의 내부에는 그을음이 전혀 없다.

　위의 그림은 이집트 덴트라의 하토르 신전의 벽화인데, 수행자들은 마치 전기 램프를 들고 있는 듯한 모습을 하고 있다. 램프가 그 당시에 실제로 존재했다면, 고대에도 전기가 있었다는 얘기가 된다. 그리고 자연스레 창문이 없다는 수수께끼도 풀리게 된다.

이 벽화 속 그림은 정말 램프인 것일까? 만약 그 시대에 램프가 있었다면, 어떤 재료와 어떤 원리로 만들었을까? 또 램프를 밝힐 전기는 어떻게 만들었던 것일까?

전지의 종류에도 여러 가지가 있다

1791년, 이탈리아의 해부학자 갈바니는 개구리 해부 실험을 하던 중, 죽은 개구리의 다리 근육이 꿈틀거리며 움직이는 현상을 우연히 발견했다. 그 후, 오랜 연구 끝에 두 개의 서로 다른 금속이 동물 근육에 닿으면 전류가 흐른다는 것을 알아냈다.

그 후 1800년, 이탈리아의 물리학자 볼타는 서로 다른 두 금속을 소금물 속에 넣어 전기를 발생시키는 방법을 알아냈다. 그리고 전지를 제작함으로써, 나폴레옹에게 백작 작위와 레지옹 도뇌르 훈장을 받기도 했다. 전압의 단위인 볼트(V)도 바로 그의 이름에서 유래했다.

> **전해질**
> 물 등에 녹아서 음양의 이온이 생기는 물질이다. 전도성을 띠며, 전기 분해가 가능하다.

볼타 전지는 일상생활에서 잘 사용하지 않는다. 볼타 전지는 액체 상태의 전해질*을 사용하고, 용기 자체가 커서 일상생활에서 사용하기에는 불편하기 때문이다. 일상생활에서 사용하려면, 휴대가 간편하고 장기간 동안 일

정한 전압이 유지돼야 한다.

오늘날에는 건전지, 납축전지, 알칼리 전지를 비롯하여 수은 전지, 태양 전지 등 여러 가지 전지가 사용되고 있다.

전지 중에는 특이한 전지가 하나 있다. 바로 과일 전지! 말 그대로 과일로 만든 것이다. 과일 전지에는 어떤 원리가 숨어 있을까?

과일 전지를 만들기 위해서는 과일에 아연판과 구리판을 꽂아야 한다. 아연판은 전자를 내놓기 좋아하는 금속으로, 과일 속의 산성 성분과 만나면 부식(산화 반응)을 하게 된다. 이 과정에서 가지고 있던 전자를 잃게 되고, 이때 잃게 되는 전자들이 구리판으로 이동하면서 전류가 흐른다.

▲과일 전지로 시계를 작동시킨 모습

과일 속에 함유된 시트르산(구연산) 혹은 타르타르산 성분 등은 두 판 사이의 전자를 운반해 주는 역할을 하는데, 전류가 흐른다는 사실은 전지를 제거한 디지털 시계의 움직임으로 확인할 수 있다. 그럼 이번에는 우리가 일상 속에서 가장 흔히 사용하는 건전지의 원리에 대해 한번 알아보자.

건전지는 (−)극은 아연, (+)극은 탄소 막대를 사용한다. 그리고 아연과 탄소 막대 둘레는 전해질인 염화암모늄과 이산화망간이 둘러싸고 있다.

산화 환원 반응
두 물질 사이에 전자를 주는 산화 반응과 전자를 받는 환원 반응이 동시에 일어나는 화학 반응이다.

건전지는 산화 환원 반응*을 통해 전기를 발생시킨다. (+), (−)의 두 전극을 서로 연결하면 (−)극의 아연은 염화암모늄 전해액과 반응해 산화아연으로 바뀌는 산화 반응이 일어난다. 이때 아연 원자가 아연 이온(Zn^{2+})으로 되면서 전자를 방출한다.

이 전자는 연결된 선을 통해 건전지의 (+)극으로 움직인다. 그리고 이산화망간 속의 망간 이온과 결합하여 망간이 되는 환원 반응이 일어난다.

건전지는 크게 두 가지로 나눌 수 있는데, 다시 사용할 수 없는 1차 전지와 다시 사용할 수 있는 2차 전지로 나눌 수 있다. 우리가 평소에 자주 쓰는 건전지나 알칼리 전지는 1차 전지, 핸드폰 충전지 등에 사용되는 리튬 이온 전지, 니카드 전지 등은 2차 전지다.

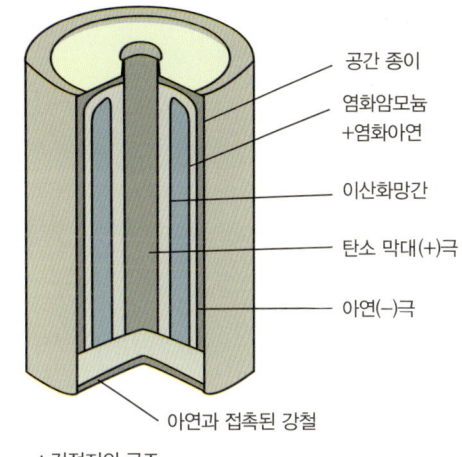

공간 종이
염화암모늄
+염화아연
이산화망간
탄소 막대(+)극
아연(−)극
아연과 접촉된 강철

▲건전지의 구조

전구는 어떻게 빛을 낼까?

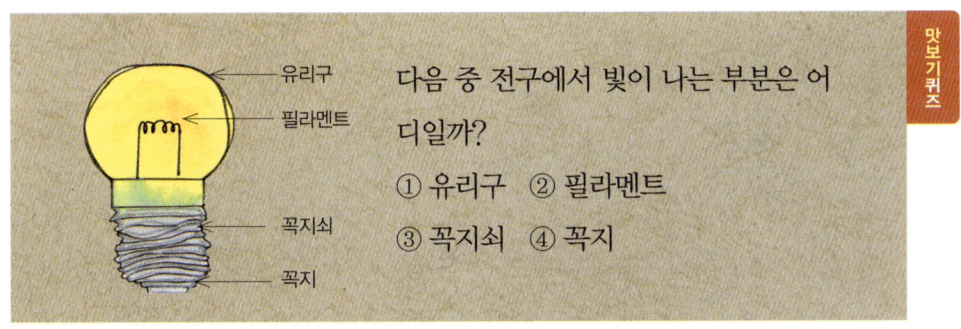

유리구
필라멘트
꼭지쇠
꼭지

다음 중 전구에서 빛이 나는 부분은 어디일까?
① 유리구   ② 필라멘트
③ 꼭지쇠   ④ 꼭지

맛보기 퀴즈의 전구 그림을 보면 알 수 있듯이 전구는 유리구, 필라멘트, 꼭지쇠, 꼭지로 이루어져 있다. 이 중, 전구가 빛을 내는 데 가장 큰 역할을 하는 것은 필라멘트다. 어떻게 빛을 내는지 궁금하다고? 지금부터 알아보자!

전구에 불이 켜지려면 기본적으로 전기가 흘러야 한다. 전기 회로에서 전지를 연결하면 (−)전기를 띤 전자들은 전지의 (+)극으로 끌려가는데, 이 과정에서 전자는 주변의 물질에 부딪치게 되고 열이 난다. 이러한 원리를 이용한 것이 바로 필라멘트이며, 필라멘트가 뜨거워지면서 빛을 낸다.

필라멘트는 텅스텐으로 만든다. 텅스텐은 단단해서 뜨거워졌다가 식는 과정이 여러 번 반복돼도 끊어지지 않기 때문이다. 또한 필라멘트는 이중 나선 구조[*]로 되어 있다. 필라멘트를 길고 가늘게 하여 열이 많이 나게 하면서도 한 곳에 모아서 빛이 집중적으로 발생하도록 하기 위해서다.

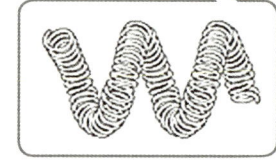

필라멘트는 대기 중에서는 산소와 결합하여 수명이 짧아지기 때문에, 내부를 진공으로 만들고 아르곤이나 질소 가스 등을 넣어 유리구로 감싼

▲ 필라멘트 이중 나선 구조

다. 아르곤과 질소 가스는 필라멘트의 기화를 최소화해 주는 동시에 고열에서 오랫동안 빛을 발할 수 있도록 돕는다.

필라멘트에 대해서 잘 알았다면 꼭지쇠에 대해 살펴보자. 일단 꼭지쇠의 모양을 보자. 나사 모양으로 되어 있는 걸 쉽게 알 수 있다. 부모님이 전구를 갈아 끼울 때의 모습을 떠올려 보자. 아마 돌려서 끼웠을 것이다. 이는 꼭지쇠의 모양이 나사 모양이기 때문이다. 나사 모양 덕분에 전구는 소켓에 단단히 고정되어 떨어지지 않는다.

꼭지쇠에는 필라멘트에서 나온 전선 하나가 연결되어 있다. 꼭지쇠 아래에 튀어나온 꼭지 또한 필라멘트에서 나온 또 하나의 전선과 연결된다. 전구에 불이 켜지려면 전지의 한 극은

▲전구와 전지의 연결

꼭지쇠에, 전지의 다른 한 극은 꼭지에 연결돼야 한다.

한편 전구에서 조금 더 발전된 형태가 우리가 흔히 쓰는 형광등이다. 형광등이 빛을 내는 비밀은 형광등의 양끝에 있다. 양끝의 전극 사이에 높은 전압이 흐르면, 전자가 그 사이를 이동해 간다. 이동하는 전자는 형광등 안에 있는 수은 기체와 충돌하면서 빛을 낸다. 이때 나는 빛이 유리관 안쪽의 형광 물질에 흡수된 다음 다시 우리 눈에 편안한 빛으로 방출된다.

전구는 우리나라에 언제 처음 들어왔을까?

지금으로부터 110여 년 전, 경복궁에 전기로 밝힌 불이 처음으로 켜졌다. 이때 전기를 일으키면서 발생한 열을 식히기 위해 경복궁 향원정의 연못 물을 사용했는데 이 때문에 연못 물이 뜨거워져 연못에 살던 물고기들이 모두 죽었다는 이야기가 전해지고 있다. 사람들은 물을 이용했다고 해서 '물불'이라고 부르기도 하고, 묘한 불이라는 뜻으로 '묘화(妙火)'라고 부르기도 했는데, 발음이 잘못 전달되어 '모화'라고도 불렸다. 처음에 전구가 들어왔을 때는 정전이 되는 경우가 많았다고 한다. 왜냐하면 담배를 피우는 노인들이

전구로 담뱃불을 붙이려는 시도를 했기 때문이다. 전구가 없던 시절에는 촛불로 방안을 밝혔는데, 노인들은 촛불에 담배를 갖다 대는 버릇을 가지고 있었다.

노인들은 담배를 피우려고 전구에 대어 붙이려다 불이 붙지 않자, 전구를 빼고 소켓에다 담배 꼭지를 꽂았고, 그로 인해 퓨즈가 나가서 정전이 되고 말았다.

전기가 흐르면 도체, 흐르지 않으면 부도체

유리가 깨진 전구는 불이 들어올까?
① 들어온다. ② 들어오지 않는다.

이 세상에는 전기가 잘 흐르는 물체가 있는가 하면 전기가 잘 흐르지 않는 물체가 있다. 전기가 잘 흐르는 물체를 도체, 잘 흐르지 않는 물체를 부도체라고 한다.

도체는 전자의 일부가 자유롭게 돌아다닐 수 있는 상태로 존재한다. 이렇게 쉽게 움직이는 전자 때문에 전기가 잘 흐른다. 전선, 금, 은, 동, 못, 클립, 알루미늄, 쇠 젓가락 등이 도체의 예라고 할 수 있다.

부도체는 자유 전자가 없기 때문에 전기가 흐르지 못한다. 그러나 아주 센 전압을 걸어 주면 전자의 일부가 자유롭게 될 수 있기 때문에 전기가 흐를 수 있다. 공기, 유리, 종이, 플라스틱, 나무 등이 부도체의 예이다.

전구의 유리는 부도체이기 때문에 전구의 불이 들어오는 것과 관련이 없다. 따라서 전구의 유리가 깨져도 불은 들어온다. 유리를 씌우는 것은 필라멘트의 텅스텐이 공기 중의 산소와 만나 산화되어 없어지는 것을 막기 위해서다.

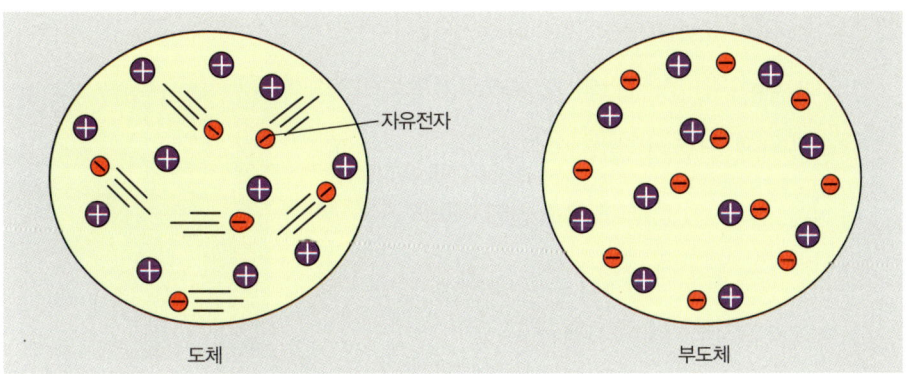

자유전자

도체 부도체

▲도체와 부도체

한편, 반절만 도체인 경우도 있다. 무엇일까? 바로 반도체이다. 반도체는 낮은 온도에서는 부도체처럼 전류가 통하지 않지만, 상온에서는 도체처럼 전류가 통한다.

▲전기가 통하는 필라멘트

반도체는 어떤 조건에서는 전기가 통하고, 어떤 조건에서는 전기가 통하지 않기 때문에, 전기의 흐름을 조정하기에 좋은 물질이다. 현재 반도체는 TV, 세탁기, 전자레인지, 에어컨 등에 활용되고 있다.

그럼 전구의 필라멘트의 재료로는 어떤 것이 적당할까? 전구에 불이 켜지기 위해서는 전기가 통해야 한다. 때문에 필라멘트의 재료는 도체나 반도체로 만들어져야 한다.

전구도 진화한다!

영국의 데이비, 스위스의 아르키르, 영국의 몰린스는 물체에 전류가 흘러 뜨거워지면 빛을 낸다는 사실을 알고 있었으나 오랫동안 빛을 내는 전구를 만들지는 못했다. 에디슨은 오래가는 전구를 만들기 위하여 연구를 시작했다.

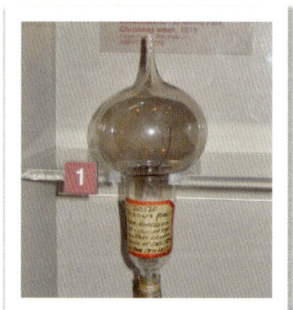

▲에디슨이 발명한 전구

에디슨은 여러 가지 금속으로 가느다란 선을 만들어 유리공에 넣었다. 그리고 공기를 뺀 다음에 전기를 공급하여 빛을 내는 전구를 발명했다. 하지만 이렇게 발명한 전구가 완벽한 것은 아니었다. 전구의 빛이 오랫동안 지속되지 못했고 전류를 강하게 하면 금속으로 만든 선이 끊어져 버리고 말았다. 그러던 중 무명실을 잘라 U자 모양으로 태워서 유리공에 넣었더니, 그 다음날 아침까지도 전구의 빛이 지속됐다. 드디어 에디슨은 오랫동안 쓸 수 있는 전구를 만들어 낸 것이다. 그 후 종이, 대나무 등을 태워 필라멘트를 만들었으며, 지금은 텅스텐으로 필라멘트를 만들고 있다.

요즘에는 LED(light emitting diode : 발광다이오드)가 여러 분야에서 쓰이고 있다. LED는 전기 신호를 빛으로 바꾸어 신호를 보내고 받는 데 사용된다. LED는 전력이 적게 소비되고 수명이 길며 색깔 표현이 선명하게 되는 특성이 있다. 가정용 가전제품, 리모콘, 전광판, 각종 자동화기기 등에 주로 사용되고 있다.

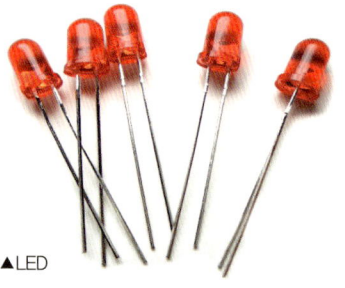

▲LED

유럽연합은 2012년부터 백열전구 사용을

금지하는 법안을 의결했는데, 대체할 새로운 조명으로 LED가 떠오르고 있다. LED는 전기에너지의 40~90%를 빛 에너지로 전환하고, 형광등처럼 깜빡이지도 않기 때문이다.

백열전구
가장 많이 쓰이는 전구. 태양빛에 가까운 빛을 낸다.

크립톤 전구
램프 안에 크립톤 가스를 넣은 것으로 크기가 작다. 일반 전구보다 수명이 2배 정도 길어 자주 갈아 끼우기 어려운 곳에 사용한다.

할로겐 램프
전구 안에 할로겐 가스를 주입한 것으로 작고 가볍다. 무대 조명, 천장 조명, 자동차의 헤드라이트, 비행장의 활주로 등에 사용한다.

형광등
유리관 안에 전자가 이동하면서 형광 물질을 자극하여 빛을 내는 전구로, 가정에서 많이 쓰인다.

네온등

형광등과 같은 원리로 만들어졌으나 형광 물질의 특성을 다르게 하여 색깔이 나타나는 전구로, 간판 등에 많이 쓰인다.

▲일상생활 속에서 자주 쓰이는 전구와 등

귀신이 사라지고 있다?

전기가 없던 시절, 사람들은 해가 지고 밤이 되면 낮 동안 하던 일을 정리하고 집으로 돌아갔다. 밤에 활동을 하기 위해서는 등불, 횃불, 촛불, 가스 등을 이용해야 했는데, 어둠을 환하게 밝히기에는 역부족이었기 때문이다. 앞이 잘 보이지 않을 정도의 어둠 때문에 사람들 사이에 귀신에 대한 이야기도 무성하게 퍼져 나갔다.

하지만 1900년대에 들어서면서 전구가 발명됐고, 이로 인해 사람들의 문화도 많이 바뀌었다. 환한 전구의 빛 덕분에 사람들이 밤에도 낮처럼 활동할 수 있게 됐다. 동대문의 쇼핑가의 경우, 새벽 3시에도 대낮처럼 환하다.

이처럼 전구의 이용은 사람들의 생활을 편리하게 하였을 뿐만 아니라 귀신에 대한 이야기도 옛날보다 줄어들게 했다.

샤프심 필라멘트

형광등, 전구 뿐 아니라 샤프심도 빛을 낸다면 믿을 수 있을까? 샤프심을 전선으로 연결하여 빛을 내보자.

준비물

집게 전선, 샤프심(0.5mm 샤프심), 건전지(6V) 2개

탐구 순서

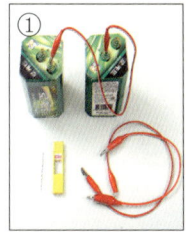
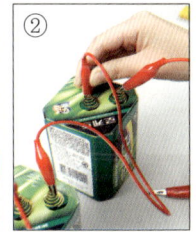
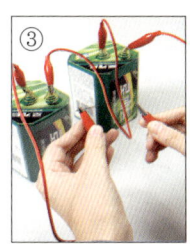
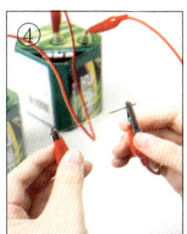

① 샤프심의 양쪽을 전선의 집게로 조심스럽게 집는다.

② 샤프심이 달린 전선을 건전지에 연결한다.

③ 6V 건전지를 직결로 연결해서 샤프심의 변화를 살펴본다.

※사진에서 사용한 샤프심을 사용하는 것이 좋다. 다른 보통의 샤프심들은 코팅이 많이 되어 있어서 건전지를 사용할 경우 전류가 충분히 흐르지 않는다.

🧪 실험 결과

샤프심을 건전지에 연결하면 샤프심의 색깔이 붉어지는 것을 볼 수있다. 점점
더 시간이 흐르면 샤프심은 끊어지고 샤프심이 끊어진 직후에 끊어진 샤프심을
서로 부딪히면 밝은 빛이 난다.

🍶 생각 나누기

· 전압이 높아짐에 따라 빛이 밝기기 이떻게 변하는지 관찰해 보자.
· 연필심이 닳아서 끊어지는 이유를 생각해 보자.

Chapter 07

강물은 흘러흘러

강물은 흘러흘러

▲ 검룡소

사람은 죽어서 이름을 남기고, 호랑이는 죽어서 가죽을 남긴다는데, 흐르는 물은 무엇을 남기고 어디로 가는 걸까?

위의 그림은 한강의 발원지인 검룡소의 모습이다. 둘레는 약 20m. 석회 암반을 뚫고, 하루에 2, 3천t 가량의 지하수가 솟아나고 있다. 솟아난 물은 경사가 완만한 폭포를 이루며 쏟아진다. 검룡소의 물은 사계절 내내 9℃ 정도를 유지하며, 주위의 암반에는 물이끼가 푸르게 자라고 있어 신비한 모습을 하고 있다.

검룡소의 물살은 매우 빠르다. 이처럼 흐르는 물의 상류에서는 물이 빠르게 흐르기 때문에 침식 작용이 활발하다.

그럼 흐르는 물이 어디로 가고, 무엇을 남기는지 물을 따라 여행을 떠나 보자!

강의 상류에는 V자곡과 선상지

▲V자곡

물은 위에서 아래로 흐른다. 물을 따라 여행을 떠나 보자. 일단 강의 상류에서 출발!

검룡소와 같이 상류에서는 물이 빠르게 흐른다. 이 때문에 침식 작용이 활발하여 깊고 폭이 좁은 V자 모양의 계곡이 생기는데, 이를 V자곡이라고 한다. V자곡은 경사가 가파르고 물살이 빠르게 흐르며, 거친 바위와 돌들로 이루어져 있다.

상류라고 해서 경사가 가파른 계곡만 있는 것은 아니다. 산과 평지가 이어지는 곳에는 경사가 완만하기 때문에 퇴적물이 쌓이기 쉽다.

퇴적물이 쌓이다 보면, 부채 모양의 땅이 생기는데 이를 선상지라고 한다. 선상지의 '선'은 한자로 '부채'라는 뜻이다. 골짜기의 입구부터 펼쳐진 모양이 꼭 부채를 펼친 모양과 비슷하다고 해서 붙여진 이름이다. 선상지는 생긴 지 얼마 안 되는 산골짜기에 발달되는데 우리나라는 오래된 산골짜기늘이 많아서, 선상지가 별로 없다.

▲선상지

흐르는 물의 힘

흐르는 물은 강을 따라 바다로 흘러가는 동안 여러 가지 일을 한다. 바로 침식, 운반, 퇴적 작용이다. 물은 흐르는 동안 땅을 깎아 내리는데 이를 '침식'이라 한다. 깎인 흙, 모래, 자갈 등은 흐르는 물에 의해 '운반'되고, 운반된 흙, 모래, 자갈 등은 어딘가에 쌓이게 되는데 이를 '퇴적'이라고 한다.

흐르는 물은 끊임없이 흙이나 돌을 깎고, 나르고, 쌓는 작용을 한다. 그렇기 때문에 당장은 눈에 보이지 않지만, 오랜 시간이 지나면 흐르는 물 주변의 모양이 바뀐다. 흐르는 물이 여러 가지 지형(땅의 모양)을 만드는 것이다.

강의 중류에는 곡류와 우각호

맛보기퀴즈

사진 속 지역에 집을 짓는다면,
어디에 집을 지어야 할까?

▲ 구불구불한 강의 모습

흐르는 물을 따라 오다 보니, 이제 강의 중류에 도착했다! 잠깐 멈춰서 주변의 지형을 살펴볼까?

강의 바깥쪽은 돌과 흙이 깎여서 내려가는 침식 작용이, 강의 안쪽은 돌과 흙이 쌓이는 퇴적 작용이 일어나기 쉽다. 이런 작용이 오랫동안 계속되면 강의 모양이 점점 구불구불하게 바뀌는데, 이렇게 생긴 지형을 곡류라고 한다. '구불구불하게 흐르는 강'이라는 뜻의 곡류는 계곡과 골짜기 사이에 생길 수

▲흐르는 물에 의한 강의 모양 변화

도 있고, 넓은 평야 지대에 생길 수도 있다.

곡류가 있으면 구불구불 가야 하기 때문에 시간이 오래 걸린다. 똑똑한 물은 짧은 길을 찾아 곡류의 잘록한 부분을 가로질러 흐르게 되는데, 이로 인해 소뿔 모양의 호수가 탄생한다. 이렇게 생긴 지형을 우각호라고 한다.

하천의 중류나 하류 지역 중에서 지형이 낮은 곳은 비가 많이 오면 물이 넘친다. 하천이 넘치면서 흙과 모래가 운반되어 쌓이고, 범람원이라는 지형이 생긴다. 범람원에는 넓은 평야가 발달되어, 사람들이 농사를 짓는 데 이용한다.

▲넓은 평야가 발달된 범람원

두물머리 양수리

서울의 상징인 한강은 남한강과 북한강이 만나서 이루어지는데, 남한강과 북한강은 경기도 양평 두물머리에서 만난다. '두 강이 만나 하나가 된다.' 하여 두물머리라는 이름이 붙여졌다. 두물머리는 두 강이 합쳐져 강폭이 넓기 때문에 강이 아니라 물결이 고요한 바다처럼 느껴지기도 한다.

저것 봐!

강의 하류에는 삼각주

맛보기퀴즈

다음 지형에서 연상되는 도형은
무엇일까?

▲삼각주

이제 하류다! 물도 지쳤는지 움직임이 느려졌다. 상류에서 재빠르게 움직이며 바위를 깎아 냈다면, 하류에서 물은 운반해 온 흙과 모래를 쌓기 시작한다. 이처럼 퇴적 작용이 활발하게 일어나면 섬 모양의 땅이 생기는데, 이를 삼각주라고 한다. 삼각주는 토질에 따라 논이나 밭으로 이용되며, 주로 남해안에서 살펴볼 수 있다. 서해는 조수 간만의 차가 커서 퇴적 작용이 활발하게 일어나지 못하고, 동해는 조수 간만의 차는 적지만 큰 강이 동해로 흐르지 않기 때문에 삼각주가 발달하지 못했다. 우리나라에는 낙동강 삼각주, 김해 삼각주 등이 있다.

세계에서 유명한 삼각주를 찾아가 보자!

나일 삼각주는 나일 강 하류에 형성된 삼각주로 세계에서 가장 큰 삼각주 중의 하나다. 동쪽으로는 알렉산드리아에서부터 서쪽으로는 포트 사이드까지 약 240km의 넓은 지중해 해안선이 펼쳐져 있고, 남북 간의 거리는 대략 160km 정도다.

중국 양쯔강 하류 남안에 있는 양쯔 삼각주는 물자를 운반하는 내륙 수운이 발달했다. 넓은 농경지에서는 벼, 목화, 밀, 황마 등이 생산되며, 수로를 이용한 민물고기 양식업이 활발하다.

바다에서는 무슨 일이 일어날까?

강물이 바다를 만나면 그것으로 할 일은 다 끝난 걸까? 바다에서도 물이 할 일은 아직 끝나지 않았다. 어떤 일을 하냐고? 바다에서도 마찬가지로 침식, 퇴적 작용을 한다.

바람이 불면 바닷물이 위아래로 출렁거려 파도가 생긴다. 이때 파도는 바닷가의 암석을 깎아 내고, 모래와 자갈 등에 침식과 퇴적 작용을 한다. 이렇게 파도에 의한 퇴적과 침식 작용이 계속되면, 해안선의 모양은 점차 단조로워진다.

바다에는 '만'과 '곶'이 있는데, 육지 쪽으로 들어온 부분을 만, 바다 쪽으로 돌출된 부분을 곶이라고 한다. 만에서는 파도의 힘이 약해 퇴적 작용이 활발하게 일어나며, 해수욕장이나 항구가 발달하기 쉽다.

곶에서는 파도의 힘이 강해 침식 작용이 활발하고, 해식 절벽과 같은 지형

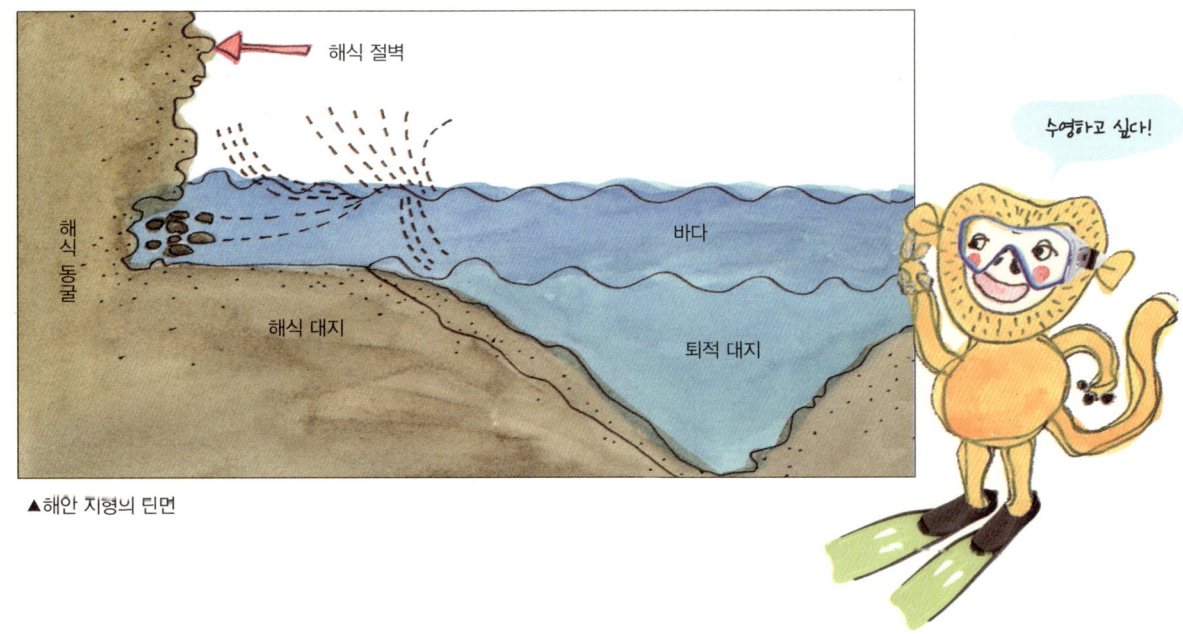

수영하고 싶다!

해식 절벽

해식 동굴

해식 대지

바다

퇴적 대지

▲ 해안 지형의 단면

이 발달한다. 해안 지형의 아랫부분이 파도에 의해 많이 침식되면, 그 위에 있는 암석이 무너져 내려 기울기가 가파른 절벽이 되는데, 이를 해식 절벽이라 한다.

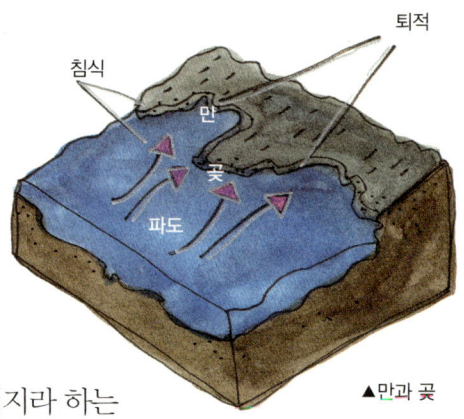

▲만과 곶

또한 해식 절벽 밑에 파도에 깎여서 평탄하게 만들어진 대지를 파식 대지라 하는

▲석호

데, 파식 대지 앞쪽에는 자갈, 모래, 진흙 등이 쌓여 기울기가 완만한 퇴적 지형이 만들어진다. 이를 퇴적 대지라고 한다.

한편 강물이 바다를 만날 때, 강물을 따라 운반된 모래와 흙이 쌓여 강과 바다 사이를 막으며 호수가 만들어진다. 이렇게 만들어진 호수를 석호라고 한다. 동해에는 경포호, 청초호, 영랑호, 화진포호, 송지호 등 해안선을 따라 여러 개의 석호가 존재한다.

육지 모습의 쌍둥이, 해저 지형!

바다 속에도 산이 있다면 믿을 수 있을까? 놀랍게도 사실이다. 바다 속도 육지와 마찬가지로 산도 있고, 계곡도 있고, 평야도 있다. 옆의 그림을 잘 살펴보자. 파란 물만 빼면 마치 쌍둥이처럼 육지랑 똑같이 생겼다.

바다 속의 지형에도 선상지, 삼각지와 마찬가지로 이름이 있다. 어떤 이름이 붙여져 있는지 그림과 비교해 가며 알아보자. 육지에 가까운 대륙붕은 200m 정도의 깊이에 기울기가 완만한 곳을 말한다.

깊이가 6,000m 이상의 깊은 골짜기는 해구라고 하고, 5,000m 깊이에서 나타나는 넓고 평평한 해저 지형은 해저 평원이라고 한다. 해령은 바다 밑에 있는 산맥과 같은 지형을 말한다.

경사가 급한 동해에서 기울기가 완만한 대륙붕을 찾긴 쉽지 않다. 대신 동해에는 해령, 해저 화산 등 다양한 해저 지형이 발달했다. 반대로 수심이 얕은 서해는 전체가 대륙붕으로 이루어져 있으며, 남해 또한 대륙붕이 많이 발달했다.

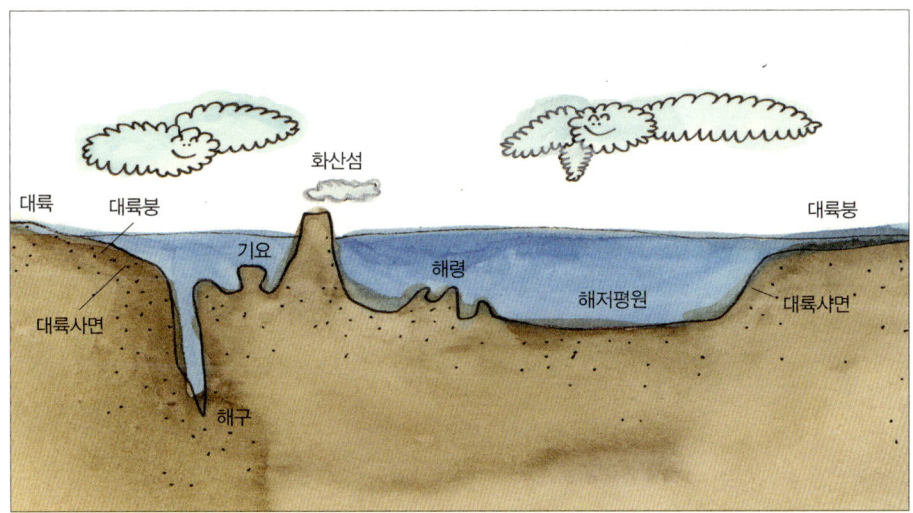

▲해저 지형의 단면

바닷가에 가서 지형 찾아보기

바다 지형을 실제 바닷가에 가서 찾아보자.

준비물

모자, 면장갑, 샌들, 사진기, 필기구

탐구 순서

① 탐사할 바닷가를 정한다.

② 탐사할 바닷가에 물이 빠지는 시각을 알아본다.

③ 가족과 함께 바다 여행을 떠난다.

④ 바다에 있는 여러 가지 지형의 사진을 찍는다.

⑤ 찍어 온 사진과 함께 바다 지형에 대한 정리를 한다.

실험 결과

바다 지형에 대해 정리를 할 때는 왜 이러한 지형이 생겨났는지 그 원인도 함께
정리하면 좋다. 또한 침식 지형과 퇴적 지형으로 분류하여 보는 것도 좋다.

생각 나누기

· 강에서 발견할 수 있는 지형도 생각해 보자.

CHAPTER 08
-P.115 PHOTOGRAPH

SADARI SCIENCE
CHAPTER 08 PHOTOGRAPH

Chapter 08

낮에 나온 달은
반달?

낮에 나온 달은 반달?

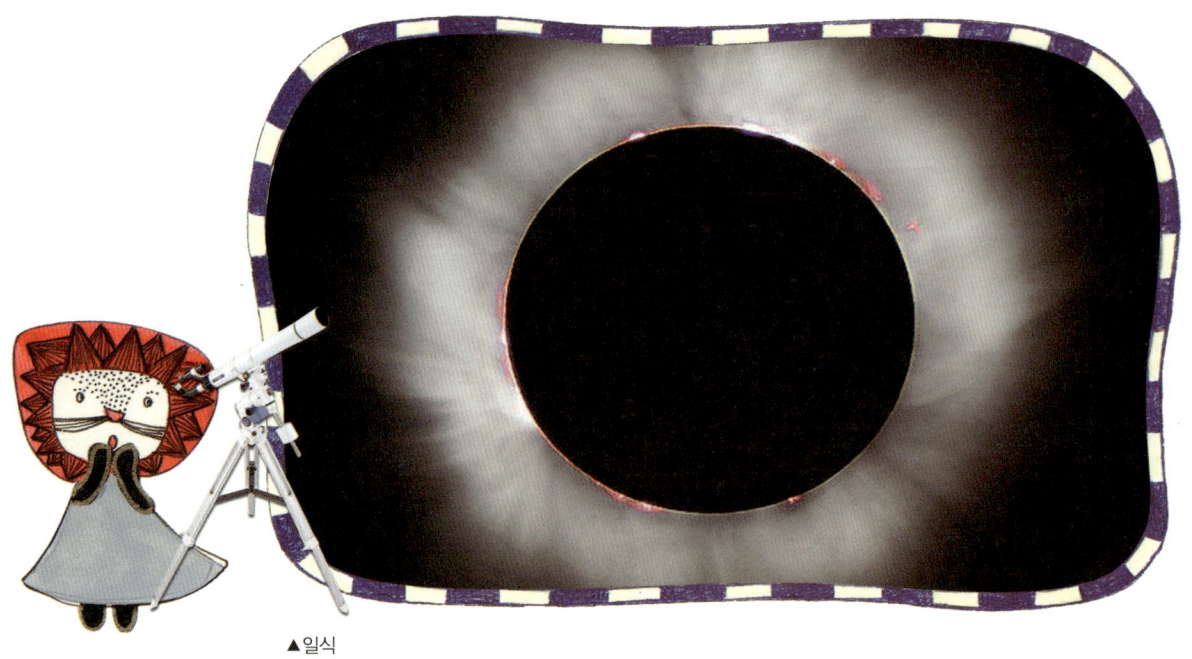

▲일식

　세종 4년인 1422년 음력 1월 1일, 왕립 천문 기상대 역할을 하던 서운관은 일식이 발생할 예정이라고 세종에게 보고했다. 그때 당시만 해도 사람들은 일식을 단순한 자연 현상이 아니라, 하늘의 명령을 받은 군주가 통치를 잘못해서 일어나는 재해로 여겼다. 그렇기 때문에 일식이 발생하면 왕도 나와 그 광경을 관찰했다고 한다.

　세종 또한 마찬가지로 일식을 관찰하기 위해 기다렸는데, 서운관에서 예측했던 시간보다 15분 정도 늦게 일식이 시작됐다. 조선왕조실록에 의하면 15분 늦게 예측한 책임을 물어 세종은 일식 담당인 이천봉에게 곤장을 쳤다고 한다.

이순지

조선 세종 때의 수학자. 저서로는 《칠정산
내외편》, 《교식추보법》이 있다.

잘못 예측한 원인을 세종의 반대 측 신하들은 정치적인 이유로 봤지만, 세종은 그 원인을 과학에서 찾았다. 당시 서운관은 중국의 역서를 바탕으로 일식을 예측했다. 세종은 서운관이 우리의 하늘을 중국의 천문으로 해석하는 데서 오차가 발생했다고 판단하고, 이순지[*] 등을 시켜 우리나라의 하늘에 부합하는 새로운 천문 역법을 개발하도록 지시했다. 이렇게 해서 나온 것이 '칠정산내외편'이다. 칠정산은 중국의 달력을 서울의 위도에 맞게 수정 및 보완했을 뿐 아니라, 아라비아의 천문학도 참고하여 만들어졌다. 칠정산외편에서는 1년을 365일 5시간 48분 45초로 계산하였는데, 이는 현대의 기준인 365일 5시간 48분 46초와 거의 일치한다.

칠정산은 해, 달, 화성, 수성, 목성, 금성, 토성, 7개 천체의 운동을 나타냈기 때문에 붙여진 이름이다. 우리 조상들은 달의 모양 변화를 기준으로 하여 만든 음력에 태양의 움직임에 따라 24절기를 함께 표시한 태음태양력을 사용하였다.

그렇다면 과연 달과 지구, 달의 모양은 어떤 관계가 있을까?

우와!

달은 하루에 얼마나 움직일까?

달의 크기는 지구의 1/4 정도이며, 지구에서 38만km 정도 떨어져 있다. 참고로 태양과 지구 사이의 거리는 1억 5천만km다. 약 400배나 차이가 난다고 하니 정말 어마어마한 거리다. 달과 지구 사이의 거리가 1cm라고 할 때, 태양과 지구 사이의 거리는 400cm가 되는 셈이다.

지구가 태양 주위를 공전하고 자전을 하듯, 달도 지구 주위를 공전하고, 자전을 한다. 지구가 태양 주위를 한 바퀴 공전하는 데는 1년이라는 시간이 걸리는데, 달이 지구 주위를 한 바퀴 공전하는 데는 27.3일이 걸린다. 달이 지구보다 공전하는 데 걸리는 시간이 짧은 것은 달이 지구와 가까이 있고 지구가 태양보다 훨씬 작기 때문이다.

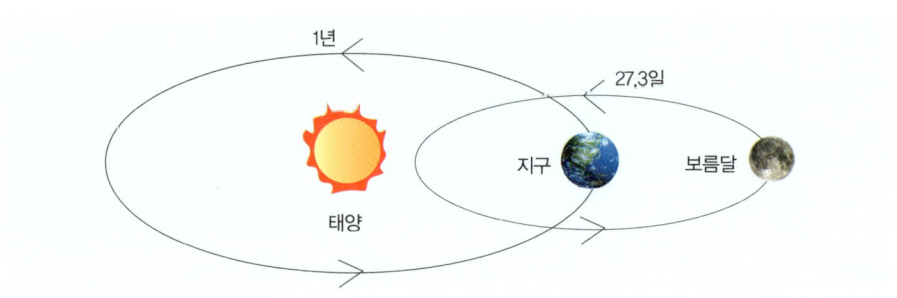

▲지구와 달의 공전

그런데 자전을 하는 데 걸리는 시간은 오히려 지구보다 달이 훨씬 오래 걸린다. 지구는 하루에 한 바퀴 자전하는데, 달은 27.3일, 즉 공전할 때와 같은 시간이 걸린다. 그렇기 때문에 지구에 살고 있는 우리는 항상 달의 같은 모습밖에 볼 수 없다.

지구는 서쪽에서 동쪽으로 자전을 하기 때문에 지구 위에 있는 사람이 보기에는 달이 동쪽에서 떠서 서쪽으로 지는 것으로 보인다. 한편 달은 서쪽에서 동쪽으로 공전을 하며 지구의 자전 방향과 달의 공전 방향이 같다. 이 때문에 달이 뜨는 시간은 매일 50분씩 늦어진다. 만약 오늘 오후 6시에 달이 떴으면 내일은 오후 6시 50분, 모레는 오후 7시 40분에 달이 뜬다.

달이 지구 주위를 한 바퀴인 공전하는 데 27.3일이 걸리므로, 360°를 27.3일로 나누면 약 13°가 된다. 즉 달은 하루에 13°정도를 움직인다.

지구가 한 바퀴 자전을 했을 때 달은 하루만큼 공전을 하므로, 지구가 13°만큼 더 자전을 해야 같은 위치가 된다. 지구는 1시간에 15°를 자전하므로 13°는 약 50분 정도가 된다. 그래서 달은 50분씩 늦게 뜬다.

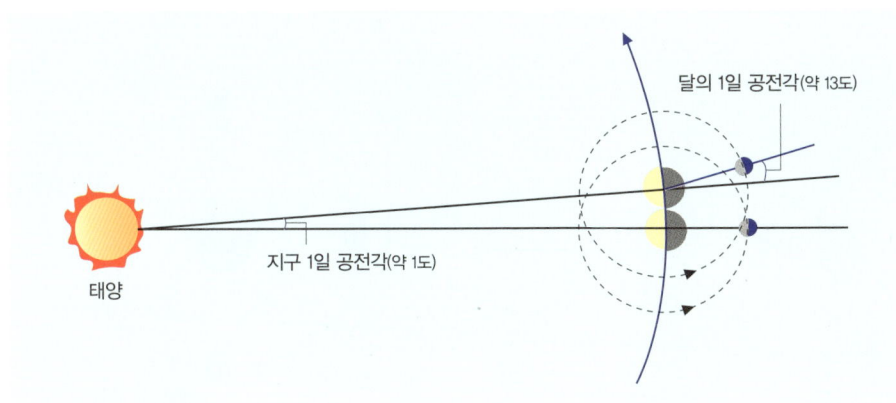

▲달은 50분씩 늦게 뜬다.

달은 여러 가지 얼굴을 갖고 있다!

다음 그림에 있는 달은 며칠 후 보름달이 될까?

맛보기퀴즈

▲달

달은 27.3일을 주기로 지구를 공전하지만, 실제로 모양이 변하는 주기는 29.5일이다. 달이 지구를 공전하는 동안 지구가 태양을 공전했기 때문이다. 따라서 지구에서 볼 때, 달이 같은 위치로 이동하기 위해서는 지구가 공전한 것만큼 달도 지구를 공전해야 한다.

달의 모양이 변하는 까닭은 달이 햇빛을 받으며 지구 주위를 공전할 때, 햇빛이 달에 의해 반사되는 부분이 우리 눈에 보이기 때문이다.

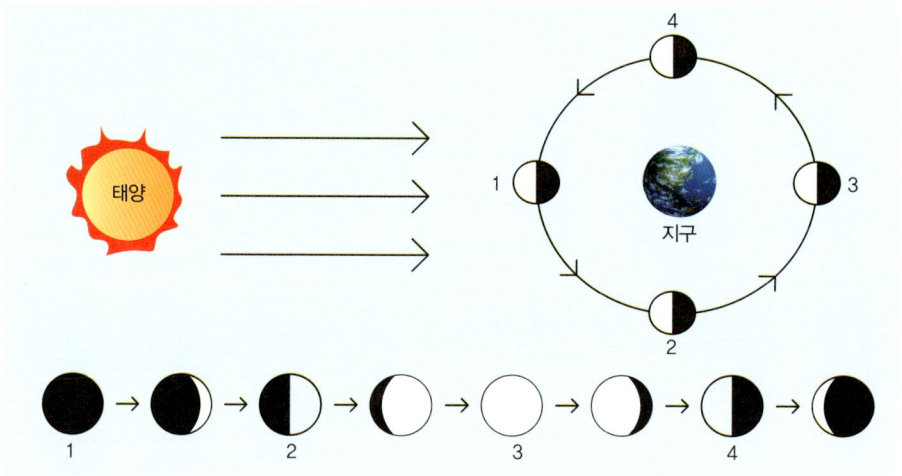

▲태양, 지구, 달의 위치에 따른 모양 변화

위의 그림을 보자. 왼쪽 화살표가 태양빛이고, 가운데가 지구다. 1번 그림과 같이 태양-달-지구의 순서로 일직선상에 있게 되면 지구에 있는 사람은 달의 어두운 면만 보게 되어 삭이 된다. 그런데 3번 그림처럼 태양-지구-달의 순서로 일직선상에 있게 되면 태양빛을 가득 받은 달의 모습을 지구에서 볼 수 있게 되어 보름달(망)이 된다. 또 태양과 지구, 달이 직각인 위치에 놓이게 되면 2번 그림처럼 상현달의 모습으로 보이거나, 4번처럼 하현달의 모습으로 보이게 된다.

　달의 모습을 좀더 자세히 살펴보자. 음력 초하룻날의 달의 모습을 삭이라고 하는데, 이때는 달의 모습이 보이지 않는다. 달은 태양에서 받은 빛을 태양쪽으로 반사하기 때문에 지구 쪽은 달의 깜깜한 쪽만 보인다. 그래서 달의 모습은 보이지 않는다.

　음력 3, 4일 경에는 달의 오른쪽 부분이 눈썹 모양으로 보이는 초승달이 되며, 음력 7, 8일 경에는 보름달(망)로 되는 사이에 달의 오른쪽 절반이 보이는 상현달의 모습이 된다. 음력 15일 경에는 태양, 지구, 달이 일직석상에 있기 때문에 보름달의 모습이 된다. 음력 22, 23일경에는 보름달에서 그믐달로 가는 사이에 달의 왼쪽 절반이 보이는 하현달이, 음력 26, 27일 경에는 달의 왼쪽 부분이 눈썹 모양으로 바뀐 그믐달이 된다.

 ## 동양과 서양은 달에 대한 생각이 달랐다고?

　고대 메소포타미아인들은 달이 차고 기우는 주기에 따라 29일 또는 30일을 한 달로 정하고 열두 달을 1년으로 하는 태음력을 사용했다. 그런데 달의 열두 달을 기준으로 하면, 1년은 354일이 되기 때문에 계절과 날짜에 차이가 생긴다. 이를 극복하기 위해 윤달을 끼워 넣어 계절과 날짜의 차이를 극복하고자 했다. 현재 우리나라에서 쓰고 있는 음력은 태음력에 윤달을 넣은 태음태양력이다.

이집트인들은 태양을 중심으로 1년을 365일로 정해 태양력을 만들어 사용했다. 그러나 실제로 1년은 365일하고도 6시간 정도 되므로 태양력에는 4년에 한 번씩 2월에 29일이 존재한다. 달에 대한 인식 또한 동양과 서양이 아주 다르다. 동양에서는 보름달을 긍정적인 시각으로 보아 보름달을 보고 소원을 비는 등 좋은 대상으로 보는데, 서양에서는 보름달이 뜬 밤에 늑대가 나타난다는 이야기가 있을 정도로 딜을 부정적인 시각으로 본다.

한편 달을 이용한 달력을 음력이라고 한다. 현재 우리가 사용하고 있는 달력에서 작은 글씨가 음력이다. 큰 글씨는 양력인데, 양력은 태양을 기준으로 만들어진 달력이다.

2009년도의 추석은 10월 3일이였는데 2010년도의 추석은 9월 22일이다. 이처럼 추석이 매년 바뀌는 것은 추석을 음력으로 따지기 때문이다. 설날도 추석과 마찬가지로 음력으로 따지기 때문에 매년 날짜가 바뀐다.

달 표면이 곰보인 이유!

맛보기퀴즈

달의 표면이 옆의 사진처럼 곰보인 이유는 무엇일까?

▲달의 표면

달을 보면 밝은 부분이 있고, 어두운 부분이 있다. 어둡게 보이는 부분을 '바다'라고 부른다. 옛날에 달을 관측했던 사람들이 달의 어두운 부분에는 물로 가득 차 있을 것이라고 생각해서 '바다'라고 이름을 지었기 때문이다.

바다 지역은 평평하게 되어 있는데, 그 안에는 작은 분화구들이 있으며, 가장자리는 산맥들로 둘러싸여 있다. 달 표면에서 바다보다 밝은 지역은 '대륙'이라고 한다. 한편 달에서 가장 많은 지형으로 표면에 있는 크고 작은 구멍들을 '크레이터'라고 한다. 달의 크레이터는 지름이 1km 이상인 것도 수십만 개가 넘는다.

달 표면의 크레이터들은 대부분 운석의 충돌로 만들어진다. 지구로 떨어지는 운석 중에 크기가 작은 것들은 대기권에 진입하면서 타서 없어지지만, 달은 대기가 없기 때문에 작은 운석들도 달 표면에 크레이터를 만들게 된다. 운석의 충돌 이외에도 화산이 폭발하거나 표면이 꺼져서 크레이터가 만들어진다.

달에 최초로 간 사람은?

1969년 아폴로 11호의 우주인 닐 암스트롱과 에드윈 올드린 2세가 달에 착륙했다! 1958년 소련이 스푸트니크 1호를 발사하고, 1961년 소련의 유리 가가린이 108분 동안 지구를 일주하는 우주비행에 성공하자, 존 F. 케네디 대통령은 1960년대가 끝나기 전에, 인간을 달에 착륙시키고 무사히 귀환하게 하겠다고 선언한 바 있다. 그리고 그 선언대로 미국은 세계 최초로 달에 착륙한 나라가 되었다.

달 때문에 밀물과 썰물이 생긴다고?

다음 중 조개 잡기 좋은 날은 언제일까?
① 음력 1일   ② 음력 7일   ③ 음력 15일

맛보기 퀴즈

바닷가에서는 밀물과 썰물 현상을 볼 수 있다. 밀물은 바닷물이 육지 쪽으로 밀려드는 현상을 말하고, 썰물은 바닷물이 바다 쪽으로 빠지는 것을 말한다.

밀물과 썰물이 생기는 이유는 달과 관련이 있다. 달 쪽을 향한 바닷물은 달의 끌어당기는 힘(인력)에 의해 부풀어 오르고, 지구 반대편에서는 지구가 태양 주위를 돌 때의 원심력에 의해 바닷물이 부풀어 올라 밀물이 된다. 밀물은 태양, 지구, 달이 일직선이 될 때 나타나며 태양, 지구, 달이 직각을 이루는 위치에 있을 때는 썰물이 된다. 밀물과 썰물은 하루에 2번 일어난다.

달이 공전하는 동안 지구가 자전하기 때문에 밀물과 썰물은 매일 50분씩 늦게 일어난다. 또한 바닷물의 깊이가 얕은 서해안이 바닷물의 깊이가 깊은 동해안보다 밀물과 썰물의 차이가 크다.

달이 음력 한 달을 주기로 지구 주위를 도는 동안 보름과 그믐에 태양, 지구, 달이 일직선 위에 있게 된다. 이때는 태양의 인력이 합쳐지면서 밀물과 썰물의 차이가 가장 크게 되는데, 이것을 '사리'라고 한다. 때문에 사리가 일어나는 음력 1일과 15일은 다른 날보다 조개를 잡기 좋다.

모세기적

전라남도 진도에 '모도'라는 섬이 있다. 이 모도라는 섬은 한 달에 한 번씩 바닷물이 갈라져서 초사리라는 곳과 이어진다. 밀물과 썰물 때의 바닷물 높이가 차이가 나서 생기는 현상이다. 매년 4, 5월에는 '신비의 바닷길'이라는 축제가 열리기도 한다.

▲진도의 신비한 바닷길

달의 모양 만들어 보기

한 달 동안 우리는 여러 가지 달의 모양을 볼 수 있다. 여러 가지 달의 모양을 직접 만들어 보자.

 준비물

탁구공, 나무 막대, 손전등 또는 백열등, 양면테이프

 탐구 순서

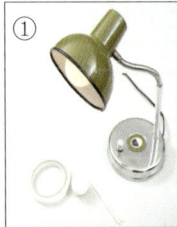 

① 탁구공, 나무 막대, 손전등, 양면테이프 등을 준비한다.

② 탁구공에 나무 막대를 붙인다.

③ 백열등을 탁구공과 일정한 위치에서 원을 그리며 비춰 본다. 백열등과 탁구공의 위치에 따라 탁구공이 빛에 비치는 모양을 살펴본다.

※불투명한 공을 사용할 경우, 실험 결과가 더 확실히 나타난다.

실험 결과

백열등 위치를 달리하여 탁구공을 비춰 보면, 초승달, 상현달, 하현달, 보름달 등의 모양을 살펴볼 수 있다.

생각 나누기

· 탁구공, 백열등이 달과 태양이라고 생각하고 실험을 해 보자.

· 지구에서 볼 때 달의 모습이 바뀌는 이유를 생각해 보자.

Chapter 09

요리조리 오리온 뜯어보기

요리조리 오리온 뜯어보기

▲오리온 자리

'겨울 밤하늘의 왕자'라 불리는 오리온 자리에는 전해 내려오는 이야기가 있다. 바다의 신 포세이돈의 아들, 오리온은 달과 사냥의 여신인 아르테미스와 서로 사랑하는 사이였다. 하지만 아르테미스의 오빠인 아폴론은 이들의 사랑을 탐탁하지 않게 생각했다.

그러던 어느 날, 아폴론은 바다 멀리 머리만 물 위로 내놓은 채 바다를 건너는 오리온을 발견하고 그를 과녁 삼아 동생에게 내기를 걸었다. 아르테미스는 그가 오리온인 줄 미처 몰랐고, 사냥의 여신답게 오리온의 머리를 정확히 명중시키고 말았다. 나중에 자신이 쏘아 죽인 것이 오리온이라는 것을 알게 된 아르테미스는 비탄에 빠졌다. 이런 아르테미스의 슬픔을 달래 주기 위해 제우스는 오리온을 밤하늘의 별자리로 만들었다고 한다.

천체
우주에 존재하는 모든 물체. 항성, 행성, 위성, 혜성, 성단, 성운, 성간 물질, 인공위성 등을 통틀어 이르는 말이다.

오리온자리는 1년 중 가장 화려하고, 가장 찾기 쉬운 별자리로 꼽힌다. 약 60개의 별들이 모여서 오리온자리를 구성하고 있는데, 이 오리온자리에 있는 별들은 모두 한 곳에 모여 있는 것일까?

밤하늘에 빛나는 건 모두 별일까?

밤하늘에 반짝반짝 빛나는 건 모두 별일까? 넓은 의미로 별은 해와 달, 그리고 지구를 제외한 모든 천체[*]를 말한다. 하지만 좁은 의미로는 스스로 빛을 내는 항성만을 뜻한다.

천문학에서는 스스로 빛을 내는 항성만을 별로 인정하고 있다. 따라서 우리가 알고 있는 수성, 금성, 지구, 화성 등은 스스로 빛을 내지 못하고 태양의 빛을 반사하는 행성이기 때문에 천문학 기준으로 보면 별이 아니다.

그렇다면 태양은 별일까, 별이 아닐까? 태양은 스스로 빛을 내기 때문에 별이라고 할 수 있다.

'반짝 반짝 작은 별 아름답게 비추네!' 동요, 작은 별의 가사처럼 밤하늘의 별을 가만히 바라보고 있으면, 마치 별이 반짝거리는 것처럼 보인다. 정말로 별이 빛을 내고 있는 걸까?

▲천체

별빛은 우주 공간과 지구의 공기층을 지나 우리에게 보인다. 그런데 지구의 공기는 움직이기 때문에, 똑같은 밝기의 빛이라도 지구의 공기층을 통과하면서 방향이 바뀐다. 이 때문에 우리 눈에 별이 반짝이는 것처럼 보인다. 그렇다면 우주 공간에서도 별은 반짝일까? 우주에는 공기가 없기 때문에 우주에서 보는 별은 반짝이지 않는다고 한다.

밤하늘에 떠 있는 별의 개수를 세어 보자. 이 세상에 별의 수는 과연 얼마나 될까? 태양과 지구가 속해 있는 우리 은하에서만 무려 1,000억 개가 넘는다고 한다.

별이야, 인공위성이야?

밤하늘에 밝게 빛나는 것에 별만 있는 것은 아니다. 지구인이 쏘아 올린 인공위성도 밤하늘을 밝게 비춘다. 인공위성이 밝게 보이는 것은 햇빛을 반사하기 때문이다. 인공위성은 대부분 일정한 속도로 지구 주위를 돌고 있기 때문에 계속 바라보고 있으면 일정한 속도로 움직이는 것처럼 보인다. 이에 비해 별은 아주 먼 거리에 있어서 움직이지 않는 것처럼 보인다.

별자리도 이사를 간다?

맛보기퀴즈

내 별자리는 내 생일날 볼 수 있을까?
① 있다 ② 없다

별자리는 밤하늘에 반짝이는 항성 중에 가까이 있거나 눈에 띄는 것을 연

결하여 그 모습에 동물, 물건, 신화 속의 인물 등의
이름을 붙여 놓은 것이다.

▲ 별자리판

별자리는 항상 볼 수 있는 별자리가 있는가 하
면, 계절별로 볼 수 있는 별자리도 있다. 계절별
별자리의 경우 별자리로 그 계절을 짐작할 수
있다.

예를 들어, 마차부자리의 카펠라가 동북쪽
하늘에 떠오르기 시작하면, 겨울이 시작된다. 카펠라를 선두로 하여 밤하늘
의 화려한 겨울 별자리들의 축제가 열린다. 이러한 계절을 알려 주는 별자리
는 저녁 9시경, 남쪽 하늘에서 관찰할 수 있다.

그럼 계절별로 별자리가 달라지는 까닭은 무엇일까? 별자리의 별은 주로
항성으로 이루어져 있다. 항성은 주로 자전만 하기 때문에 별자리의 별은 거
의 움직이지 않는다. 하지만 지구는 공전과 자전을 하기 때문에 우리가 관찰
하는 별자리는 계절별, 시간별로 바뀐다. 지구가 공전을 하기 때문에 계절별
로 별자리가 바뀌고, 지구가 자전을 하기 때문에 초저녁에 본 별자리의 위치
가 새벽으로 바뀐다.

별자리로 수놓은
밤하늘!

또한 별은 조금씩 운동을 하기도 한다. 태양도 2억 년 정도의 주기로 우리
은하를 공전한다. 하지만 이것은 아주 오랜 시간 동안 움직이는 것이기 때문
에 계절별로 별자리가 바뀌는 데는 큰 영향을 주지 않는다.

현재 우리가 사용하고 있는 별자리는 88개인데 카시오페아, 기린, 살쾡이,
큰곰, 작은곰, 용, 세페우스자리 등과 같이 북극 부근 하늘의 별자리는 우리

주극성
북극성 주변에 있는 별 중 일주운동을 하
는 동안 지평선 아래로 내려가지 않는 별.
밤새 볼 수 있다.

유목민
유목민이란 한 곳에 정착하지 않고 다른
장소로 이주하며 살아가는 사람이나 집단
을 말한다. 유목민들은 주로 소나 양 같은
동물을 기르기 때문에 계절에 따라 소나
양 등이 먹을 수 있는 식물들이 있는 곳으
로 옮겨 다니며 생활한다.

나라에서 항상 볼 수 있다. 그 이유는 우리나라가 북반구에
위치하기 때문이다. 이들 별자리에 속해 있는 별을 주극성*
또는 북쪽 하늘 별자리라고 한다.

별자리는 하루아침에 만들어진 것이 아니다. 오랜 세월 각
나라, 각 지역마다 있던 별자리들이 합쳐져서 오늘날의 별자
리가 만들어졌다.

지금부터 수천 년 전, 바빌로니아의 유목민*인 칼데아 인
들은 가축을 키우고, 푸른 초원을 따라 이동하는 생활을 하면서 밤하늘을 쳐
다보게 됐다. 그들이 밝은 별들을 연결시켜 동물에 비유하면서부터 별자리
는 만들어지기 시작했다.

요즘 우리가 사용하고 있는 양, 황소, 쌍둥이, 물병, 사자, 처녀, 천칭, 전
갈, 궁수자리 등 12가지 별자리는 이때 생겼다. 이를 황도 12궁이라고 하는

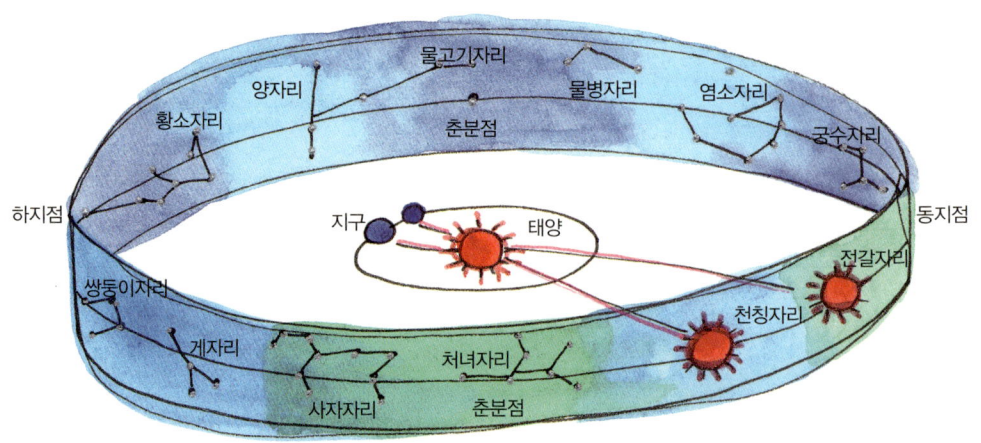

▲ 황도 12궁(생일 별자리)

▲ 별자리컵

데, 황도 12궁은 태양과 행성들이 지나가는 길목에 있다.

내 생일은 황도 12궁 중, 어떤 별자리에 해당할까? 우리는 생일 별자리를 통해 재미 삼아 별자리 운세 등을 보기도 한다.

그렇다면 생일에 해당하는 별자리는 어떻게 해서 정해진 걸까? 생일 별자리는 약 2, 3천 년 전 그리스에서 생겨났는데, 자기가 태어난 날 정오에 태양이 있는 위치에 있는 별자리가 생일 별자리이다.

그렇기 때문에 자신의 생일 별자리를 보기 위해서는 자신의 생일에서 6개월이 지난 날 자정에 남쪽 하늘을 바라보면 됐다. 하지만 2, 3천 년이 지난 지금 별자리가 조금씩 이동해서 우리의 생일 별자리는 각도가 15° 정도 틀어졌기 때문에 이제는 7개월의 차이가 난다.

북극성이 바뀐다?

현재의 북극성은 작은곰자리 α(알파)다. 그러나 지구의 세차운동[*]으로 자전축이 움직이기 때문에 현재 북극성은 하늘의 북극에서 약 1° 정도 벗어나 있으며, 그 거리는 계속 변하고 있다. 지금부터 5천 년 전에는 용자리 α가 북극성이었고, 1만 2천 년 후에는 거문고자리 α인 직녀성(Vega)이 북극성이 될 것이다.

세차운동
회전체의 회전축이 주기운동을 하는 현상

별의 밝은 순서대로 등급을 매겨 볼까?

맛보기퀴즈

다음 중 태양을 제외하고 가장 밝은 별은 어느 것일까?

번호	이름	실시 등급*
1	태양	−26.8
2	시리우스	−1.47
3	리겔	0.12
4	베텔기우스	0.58

별은 밝기에 따라 1등성에서 6등성까지 있는데, 1등성이 6등성보다 100배 더 밝다. 그럼 별의 밝기는 어떻게 정해지는 걸까? 별의 밝기는 겉보기 밝기를 나타내는 실시 등급과 실제 밝기를 나타내는 절대 등급이 있다.

절대 등급은 모든 별들이 같은 거리에 놓여 있다고 생각하고, 그때의 밝기를 나타낸 것이다. 실시 등급은 밤하늘을 바라봤을 때, 우리 눈에 보이는 별의 밝기를 나타낸 것으로 숫자가 작을수록 우리 눈에 밝게 보인다.

우리 눈에 보이는 별의 밝기를 절대 등급으로 나타내면, 밝기가 변한다. 예를 들어 태양의 실시 등급은 −26.8등급으로 매우 밝지만, 절대 등급은 4.7등급으로 그다지 밝은 편이 아니다. 태양의 절대 등급은 별로 밝은 편이 아니지만 지구와 가까이 있기 때문에 우리 눈에 매우 밝게 보인다.

한편, 별은 밝기뿐 아니라 색깔도 다르다. 특히 같은 별자

실시등급
맨눈으로 본 천체의 밝기 등급 맨눈으로 볼 수 있는 별 가운데 가장 희미한 빛을 내는 별을 6등급 가장 밝은 빛을 내는 별은 1등급이다.

리에 있는 별이라 해도 모두 같은 색깔인 것은 아니다. 별의 색깔이 다른 이유는 무엇일까? 바로 온도 때문이다. 별은 온도에 따라 색깔이 다르다.

별의 온도가 높아지면 붉은색 → 오렌지색 → 황색 → 황백색 → 백색 → 청백색 → 청색 순으로 빛을 내며, 온도가 높을수록 더 밝은 빛을 방출한다. 온도가 낮을 때는 붉은 빛이 강하고, 온도가 높아질수록 푸른빛이 강하게 된다.

붉은 색 별은 표면 온도가 약 3천K(절대 온도)로 낮고, 주황색에서 노란 색 별은 5천~6천K, 흰색에서 청백색 별은 1만~수만K나 된다.

오리온자리에는 리겔과 베텔기우스라는 별이 있는데, 이 둘도 같은 별자리 안에 있는 별이지만 색깔은 다르다. 리겔이라는 별은 푸른 빛을 내고, 베텔기우스라는 별은 오렌지 빛을 낸다.

그렇다며 당연히 리겔이 더 밝아야 하는데 신기하게도 둘 다 1등성이다. 왜 그런걸까?

광년
광년이란 빛의 속도로 1년간 가는 거리다. 빛이 초속 30만km의 속도이므로 1광년은 9조 4670억 7782만km이다.

베텔기우스는 520광년*이 떨어진 거리에 있지만, 리겔은 900광년 떨어진 거리에 있다. 베텔기우스가 리겔보다 가까운 거리에 있기 때문에 리겔이 더 밝은 빛을 내는데도 불구하고 우리 눈에는 둘 다 같은 밝기로 보인다.

백열전구에서 적외선이 방출된다고?

백열전구에 있는 필라멘트의 온도는 2500K~3000K 정도까지 올라간다. 이처럼 온도가 높기 때문에 빛을 낼 수 있다. 백열전구는 전력의 5% 이하 정도만 우리가 눈으로 볼 수 있는 가시광선으로 방출하고, 나머지는 열과 적외선으로 방출한다.

오리온자리에는 유명한 2개의 성운이 있다는데!

우리 은하에는 구름처럼 퍼져 보이는 성운이 있다. 성운은 라틴어로 안개, 구름이라는 뜻으로, 가스나 먼지 등으로 이루어진 대규모 성간 물질을 가리킨다. 성간 물질은 별과 별 사이를 이루고 있는 물질을 말한다.

성운에는 발광 성운과 암흑 성운이 있다. 성운의 내부나 가까운 곳에 온도가 높은 별이 있을 때, 성간 물질의 가스가 별의 복사 에너지를 받아들여 빛을 내는 성운이 발광 성운이다. 그리고 별들 사이의 가스나 먼지들에 의해 빛이 가려져서 어둡게 보이는 성운이 암흑 성운이다.

오리온자리에는 2개의 유명한 성운이 있다. 오리온 대성운과 말머리성운이 그것인데 오리온 대성운은 우리 눈으로도 희미하게 볼 수 있다. 태양계로부터 약 1500광년 떨어져 있는 오리온 대성운은 발광 성운이며, 주변의 뜨거운 별에 의해 뜨거워져 빛을 낸다.

말머리성운은 말의 머리를 닮았다고 해서 말머리성운이라고 이름 붙여졌다. 말머리성운은 암흑 성운이라서 검게 보인다. 약 1500광년 떨어져 있으며 폭의 너비만 해도 3.5광년에 달한다.

▲오리온 대성운

▲말머리성운

 별들이 모여 수다를 떨어요!

수많은 별들이 무리지어 모여 있는 것을 성단이라고 하는데, 별이 모여 있는 모양에 따라 산개 성단과 구상 성단으로 나뉜다.

산개 성단은 수백, 수천 개의 별이 비교적 허술하게 모여 있는 것이다. 산개 성단에는 비교적 푸른 별이 많이 있으며 현재까지 발견된 산개 성단의 수는 약 1,000여 개다.

▲산개 성단

▲구상 성단

구상 성단은 수만, 수십 만 개의 별이 빽빽하게 공 모양으로 모여 있는 것을 말한다. 구상 성단 속에는 붉은 별이 많아 천체가 붉게 보이며 현재까지 발견된 구상 성단의 수는 약 100여 개다.

별 말고 밤하늘에서 볼 수 있는 것은?

옛날 사람들은 혜성을 두고, '구름처럼 생겼다 사라지는 것'으로 생각했다. 티코 브라헤라는 과학자는 혜성이 지구 밖의 천체라는 것을 밝혀냈는데, 혜성은 꼬리가 달려 있는 것이 특징이다. 혜성이 처음부터 꼬리를 가지고 있었던 것은 아니다. 혜성을 이루는 얼음 덩어리가 태양에 가까워지면서 녹고, 가스와 먼지들이 태양 반대 방향으로 밀려 나가면서 꼬리가 만들어졌다. 따라서 태양에 가까워질수록 혜성의 꼬리는 길어진다.

혜성의 꼬리에서 떨어져 나온 부스러기들은 지구를 지날 때 지구의 대기권으로 빨려 들어와 타는데, 지구에 있는 우리의 눈에는 별똥별이 쏟아지는 유성으로 보인다.

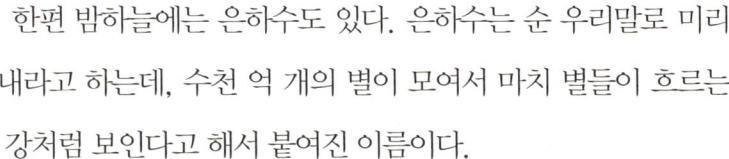

한편 밤하늘에는 은하수도 있다. 은하수는 순 우리말로 미리내라고 하는데, 수천 억 개의 별이 모여서 마치 별들이 흐르는 강처럼 보인다고 해서 붙여진 이름이다.

▲혜성

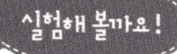

야광 별자리 만들기

자신이 만들고 싶은 별자리를 야광으로 만들어 천장에 붙여 놓고 잠들기 전에 감상해 보자.

🧪 준비물

야광 스티커, OHP 필름, 네임 펜

🧫 탐구 순서

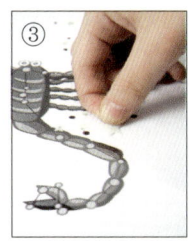

① 만들고 싶은 별자리와 네임펜, OHP필름, 야광 스티커를 준비한다.

② 별자리 위에 OHP 필름을 놓고 네임펜으로 점을 찍는다.

③ 점을 찍은 위에 야광 스티커를 붙인다.

④ 완성된 OHP 필름을 천장에 붙인 후 불을 끄고 감상한다.

실험 결과

만든 별자리를 천장에 붙인 후 불을 끄면 야광 스티커 부분에만 빛이 나서 예쁜 별자리 모양을 감상할 수 있다.

생각 나누기

· 만든 별자리가 어느 계절의 별자리인지 생각해 보자.

· 내 생일 별자리나 친구의 생일 별자리로도 만들어 보자.

Chapter 10

운사, 우사, 풍백 그리고 환웅

운사, 우사, 풍백 그리고 환웅

▲단군신화

이것 좀 봐봐!

"옛날에 하늘나라에 환인의 아들 환웅이 살고 있었는데, 환웅은 늘 인간 세상을 내려다보며, 인간 세상에 내려가 다스리고 싶다는 생각을 했어!"

어떤 이야길까? 사람이 되기 위해 동굴 속에서 마늘과 쑥을 먹은 이야기! 바로 단군신화다. 환웅은 아버지 환인으로부터 천부인* 3개를 받고, 풍백, 운사, 우사를 비롯하여 3천 명을 거느리고 태백산 꼭대기에 내려왔다. 그는 천부인 풍백, 운사, 우사와 함께 인간의 360여 가지의 일을 주관하며 인간 세상을 다스렸다.

여기서 말하는 풍백, 운사, 우사는 무엇일까? 이를 두고,

천부인
신의 영험함을 나타내는 도장과 부적을 말한다.

신선으로 해석하는 사람도 있고, 주술사나 하늘의 재상으로 해석을 하는 사람도 있다.

어쨌든 풍백은 바람을 다스리는 일, 운사는 구름을 다스리는 일, 우사는 비를 다스리는 일을 한다. 환웅이 비, 구름, 바람을 거느리고 세상을 다스렸다는 것은 그 당시의 생활이 비, 구름, 바람과 아주 밀접한 관계가 있고, 그것이 인간에게 많은 영향을 주었다는 것을 뜻한다.

그럼 여기에서는 비, 구름, 바람에 대해 한번 알아볼까?

바람은 왜 부는 것일까?

"태극기가 바람에 펄럭입니다~"

우리가 잘 알고 있는 동요다. 만약 바람이 불지 않는다면 태극기가 펄럭일 수 있을까? 바람은 머리카락을 흩날리게 하기도 하고, 치마를 들추기도 한다. 또 놀이동산에서 산 풍선을 날아가게 만들기도 한다.

그렇다면 바람은 왜 생기는 것일까? 그것은 바로 태양 때문이다. 둥근 지구가 비스듬히 기울어진 상태에서 태양의 주위를 돌기 때문에 바람이 생긴다. 바람뿐 아니라 비, 구름도 이 때문에 생긴다.

지구의 모양은 둥글어서 지역에 따라 받는 태양빛의 양이 다르다. 적도 지방처럼 태양빛을 많이 받은 지역은 뜨겁고, 극지방처럼 태양빛을 적게 받은 지역은 차갑다.

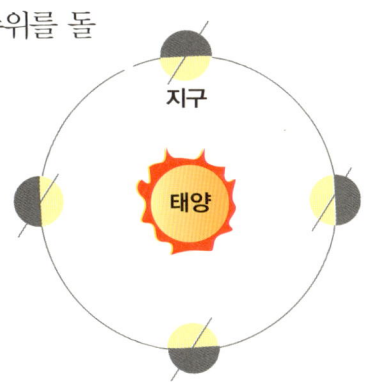

▲지역에 따라 받는 태양빛의 양이 다르다.

태양빛이 땅이나 바다를 가열하면, 그 표면 바로 위의 공기도 가열된다. 가열된 공기들은 가벼워져서 위로 올라가고, 원래의 공기가 있던 자리는 위에 있던 차가운 공기가 내려와 채우게 된다. 이렇게 공기가 움직이는 것이 '바람'이다.

바람은 육지와 바다가 가열되는 속도가 달라서 생기기도 한다. 물로 이루어진 바다보다 땅이 먼저 뜨거워지는데, 그렇게 되면 낮에는 땅이 바다보다 뜨거워진다. 뜨거워진 땅 위의 공기는 상승하여 바다 쪽으로 흐르므로, 바다에서 육시 쪽으로 바람이 불게 된다(해풍). 반대로 밤에는 땅이 먼저 식는다. 그렇기 때문에 바람의 방향은 반대가 되어 육지에서 바다 쪽으로 바람이 분다(육지풍).

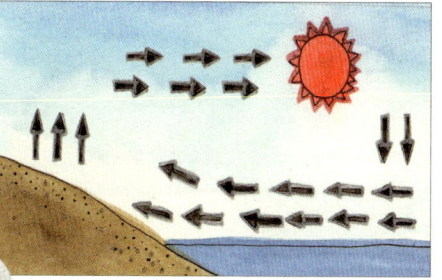 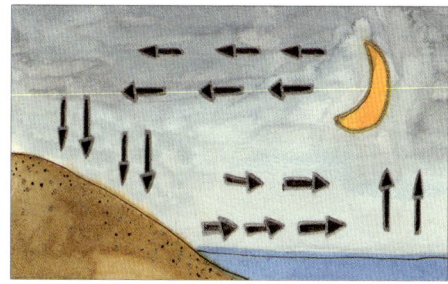

▲ 해풍과 육풍

우리는 흔히 살랑살랑 기분 좋게 부는 바람을 산들바람이라고 한다. 그럼 산들바람이란 과연 어느 정도 세기의 바람을 말하는 것일까?

영국의 해군제독 보퍼트는 바람의 세기를 13단계로 나누어 놓았는데 이것을 보퍼트의 풍력 계급이라고 한다.

계급	이름	바다 상태	육지 상태	풍속(m/s)
0	고요	거울 같이 매끈한 상태다	연기가 수직으로 올라간다	0.0~0.2
3	산들바람	물결이 약간 일고 흰 물결이 생긴다	나뭇잎과 작은 가지가 흔들거린다	3.4~5.4
5	흔들바람	흰 물결이 많아지며, 흰 거품이 생긴다	잎이 많은 작은 나무는 흔들거리고 호수에 잔물결이 생긴다	8.0~10.7
7	센바람	물결이 커지고, 물결이 부서져서 생긴 흰 거품이 하얗게 흘러간다	나무 전체가 흔들거리고 걷기가 힘들다	13.0~17.1
12	싹쓸이바람	산더미 같은 파도가 일고, 흰 거품이 바다 전체를 뒤덮는다	육지에서는 거의 나타나지 않는다	32.7이상

▲보퍼트의 풍력 계급

구름은 어떻게 해서 생길까?

다음 중 구름이 생기기 쉬운 곳은 어디일까?
① 햇볕이 내리쬐는 사막
② 기온이 높고 공기 중에 수증기가 있는 곳

'하늘에 있는 솜사탕' 하면 무엇이 떠오를까? 정답은 '구름'이다. 구름은 여러 가지 얼굴을 가지고 있다. 어느 날은 뽀송뽀송하고 새하얀 얼굴을 하고 있는가 하면, 어느 날은 거칠고 새까만 얼굴을 하고 있다.

여러 가지 얼굴을 가지고 있는 구름은 어떻게 해서 생기는 걸까? 지표면에 있는 공기가 뜨거워져서 하늘 위로 올라가면, 온도가 내려간다. 온도가 내려가면, 공기가 머금을 수 있는 수증기의 양이 줄어드는데, 그렇게 되면 수증기들이 공기 중의 먼지를 중심으로 물방울이 되어 뭉친다. 이것이 구름이다.

▲높이에 따른 구름

구름은 높이에 따라 크게 하층운, 중층운, 상층운으로 나눌 수 있다. 땅 위에서부터 1~2km 이하에서 생기는 구름을 하층운이라고 한다. 뭉게구름이라고 불리는 적운과 안개같이 생겨 안개구름이라고 불리는 층운이 하층운에 속한다.

중층운에는 비구름이라고 불리는 난층운과 양떼구름이라고 불리는 고적

뭉게구름은 수직으로 생긴 둥글게 뭉게뭉게 솟아오르는 흰구름을 말하는데, 맑은 봄날 지평선에서 흔히 볼 수 있다.

비구름은 비가 내리기 전, 검고 어둡게 하늘을 덮은 구름을 말한다.

비늘구름은 조개구름이라고 부르기도 하는데, 물결이나 비늘 모양으로 높이 펼쳐 있는 구름을 말한다. 비늘구름으로 비가 올 것을 예측하기도 한다.

▲뭉게구름, 비구름, 비늘구름

운 등이 있으며, 상층운에는 비늘구름이라고 불리는 권적운, 새털구름이라고 불리는 권운 등이 있다.

구름은 모양에 따라 나누기도 한다. 구름의 모양이 수직으로 발달하면 적운형 구름이고, 수평으로 층을 이루며 퍼지면 층운형 구름이다. 적운형 구름은 위쪽으로 상승하는 기류가 강하게 일어날 때 생기는 윤곽이 뚜렷한 구름이다.

구름에서 비가 되기까지

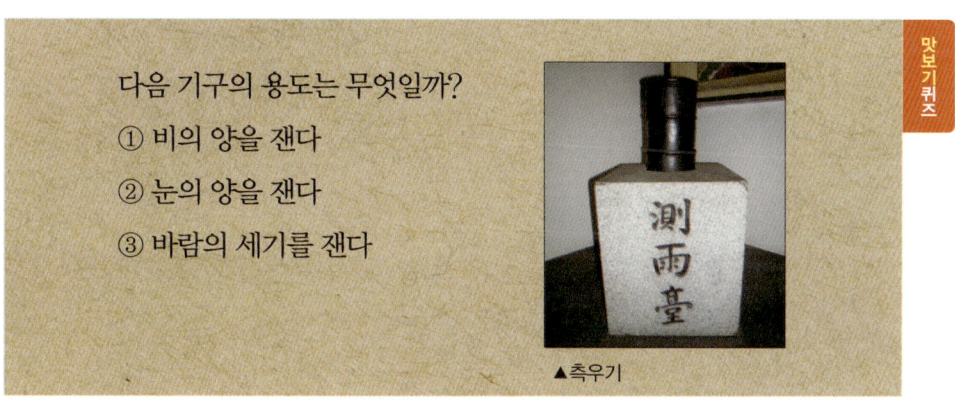

다음 기구의 용도는 무엇일까?
① 비의 양을 잰다
② 눈의 양을 잰다
③ 바람의 세기를 잰다

▲측우기

만약 양손에 책을 든다면, 몇 권이나 들 수 있을까? 10권? 20권? 만약 내가 최대한으로 들 수 있는 정도가 10권이라면, 11권을 들었을 땐 어떻게 될까? 아마도 책을 떨어뜨리고 말 것이다.

앞에서 구름은 물방울이 뭉쳐서 만들어진 것이라고 했다. 만약 하늘에서 물방울이 계속해서 뭉치다 보면 어떻게 될까? 구름의 크기가 갈수록 거대해지고 무거워질 것이다.

하지만 하늘은 무거워진 구름을 계속해서 들고 있을 수 없다. 계속 들고 있다가는 하늘은 온통 구름 범벅이 되고 말 것이다. 그렇기 때문에 하늘은 무거워진 구름을 떨어뜨리고 마는데, 그것이 바로 '비'다. 일기 예보를 보다 보면, '강수량'이라는 말을 들을 수 있는데 강수는 하늘에서 떨어져서 물이 될 수 있는 모든 현상을 가리킨다. 비, 우박, 눈, 이슬, 무빙, 서리 및 안개비가 모두 강수에 해당한다. 이러한 강수의 양을 '강수량'이라고 하는데, 단위는 밀리미터(mm)이며, 우량계를 이용하여 측정한다.

이쯤해서 자부심을 가질 만한 이야기를 하나 해 보자. 우리나라는 세계 최초로 비의 양을 재는 기구를 만들었는데, 측우기가 바로 그것이다.

측우기는 1441년(세종 23년)에 발명된 기구로, 측우기가 발명되기 전에는 땅에 스며든 빗물의 깊이를 재서 비의 양을 쟀다고 한다. 측우기는 농사 등 많은 부분에 편리하게 사용되었다.

가짜 비도 내리게 할 수 있어!

여름철 비가 많이 내려 수해를 입은 장면을 텔레비전에서 본 적이 있을 것이다. 반대로 비가 너무 내리지 않아 땅이 쩍쩍 갈라지는 모습을 본 적도 있을 것이다.

홍수, 가뭄 등으로 인한 피해를 겪어 온 인간들은 오랫동안 비가 내리는 것을 마음대로 조절할 수 있기를 간절히 바랐다. 그래서 그동안 많은 연구가 이루어졌고, 오늘날 그 가능성이 현실로 나타나고 있다. 인공 강우*가 바로 그것이다.

인공 강우는 비를 내리게 하는 기술과 비를 안 내리게 하는 기술 두 가지가 있다. 비를 내리게 하기 위해서는 구름 속에 비의 씨를 만들어야 한다. 드라이아이스를 뿌려 얼음의 결정을 만드는 방법과 얼음 결정의 핵 작용을 하는 요오드화은을 구름 속에 뿌리는 방법, 구름 속의 빗방울을 잘 뭉치게 하기 위하여 가는 물방울을 뿌리거

인공 강우
영어로는 '구름 씨 뿌리기'라는 뜻으로 *cloud seeding*라고 한다.

나 흡수성이 높은 소금 분자를 뿌리는 방법 등이 있다.

비를 안 내리게 하기 위해서는 비의 씨를 과다하게 뿌려 주면 된다. 비의 씨는 적정량 이상 많아지면, 오히려 구름의 수분을 빼앗는다. 이제 곧 비가 되어 떨어질 구름에 비의 씨를 인공으로 뿌려 줌으로써, 구름이 비구름으로 성장하는 것을 막는다.

인공 강우는 구름이 형성되었을 때에는 가능하지만, 구름이 전혀 없고 햇볕이 내리쬐는 가뭄철에는 전혀 효과가 없다.

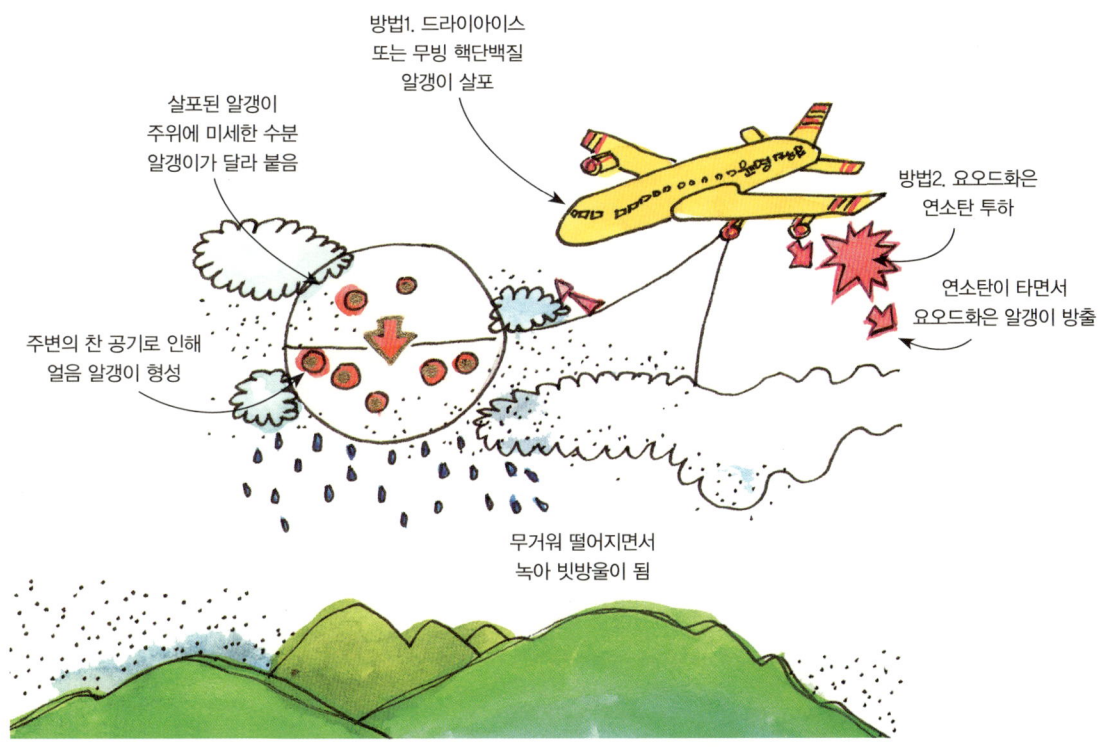

방법1. 드라이아이스 또는 무빙 핵단백질 알갱이 살포

살포된 알갱이 주위에 미세한 수분 알갱이가 달라 붙음

방법2. 요오드화은 연소탄 투하

연소탄이 타면서 요오드화은 알갱이 방출

주변의 찬 공기로 인해 얼음 알갱이 형성

무거워 떨어지면서 녹아 빗방울이 됨

▲항공기를 이용한 인공 강우 실험 방법

날씨에 따라 생활 환경이 달라진다.

맛보기 퀴즈

다음 사진은 어디의 모습일까?
① 사막 ② 남극 ③ 북극

우리나라에서 가장 큰 섬, 제주도! 제주도는 돌이 많고 바람이 세게 부는 것으로 유명하다. 제주도 곳곳에서 발견할 수 있는 돌담은 언뜻 보기에는 바람이 조금만 불어도 쓰러질듯 보지만 아무리 거센 비바람이 불어도 끄떡하지 않는다.

그 이유는 돌담 사이사이에 난 구멍 사이로 바람이 지나쳐 가기 때문이다. 이 부분에서 우리는 돌과 바람이 많은 제주도의 자연환경을 잘 이용한 우리 조상들의 지혜를 엿볼 수 있다.

또한 제주도의 지붕은 다른 지방의 지붕과는 다르게 특이하게 생겼다. 제주도는 비가 많이 오기 때문에 집을 낮게 짓는다. 또한 볏짚 대신 억새를 이용해서 지붕을 엮어 만드는데, 억새를 이용하는 것은 바람에 날아가지 않도록 하기 위해서

▲제주도 돌담

다. 영국에는 부슬비가 자주 내리기 때문에 영국에 사는 사람들은 햇볕을 쬘 시간이 적다. 그렇기 때문에 영국 사람들은 건강 유지를 위해서 일광욕을 즐긴다. 일광욕은 체내에 비타민 D를 만들어 주고, 몸이 칼슘 섭취를 잘 할 수 있도록 도와주며, 신진대사를 촉진한다. 또 햇볕으로 살균 작용을 하고 몸의 저항력을 높여 준다.

보통 사막이라고 하면 어떤 장면이 떠오를까? 아마도 모래가 가득한 광경이 떠올랐을 것이다. 하지만 사막에도 꽃이 피고, 비도 온다. 사막에 비가 내리는 기간을 우기라고 하고, 비가 내리지 않는 기간을 건기라고 한다.

건기에는 눈에 띄는 식물이 거의 없거나 말라 있는 것처럼 보인다. 하지만 있어도 비가 내리면 순식간에 푸른 잎이 달리고 땅속에 있던 종자에서 싹이 터서 온 사막을 뒤덮고 꽃이 만발하게 된다.

▲영국 일광욕

▲사막

하나, 둘, 셋!

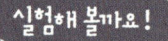

구름 만들기

페트병을 활용하여 구름이 만들어지는 원리를 알아보자.

 준비물

페트병, 향, 성냥, 물

탐구 순서

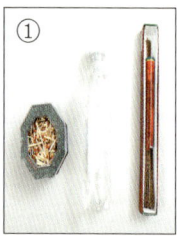

① 페트병, 향, 성냥을 준비한다.
② 향에 불을 붙여 페트병 안에 향 연기를 약간 넣는다. 또 물도 약간 넣는다.
③ 페트병의 뚜껑을 닫는다.
④ 손으로 페트병을 눌렀다 폈다를 여러 번 반복하여 페트병 안에 일어나는 현상을 관찰한다.

실험 결과

페트병을 손으로 누르면 병 안이 투명해졌다가 손을 떼면 뿌옇게 흐려진다.

 생각 나누기

· 이런 현상이 일어나는 이유를 생각해 보자.

Chapter 11

지구가 남긴 일기

지구가 남긴 일기

▲ 모래시계

타임머신을 타고 미래에서 누군가 나를 찾아와 함께 시간 여행을 하자고 한다면 어떤 시대, 어떤 곳으로 떠나면 좋을까?

타임머신은 1895년 웰스가 지은 소설에서 과거, 현재, 미래의 시간을 자유 자재로 넘나드는 기계로 처음 등장했다.

만약 소설 속의 타임머신이 실제로 있다면 어떨까? 아쉽고 후회되는 일이 있었던 때로 돌아가 과거를 바꿀 수 있고, 또 행복했던 때로 돌아가 행복을 다시 누려 볼 수도 있다.

그렇다면 실제로 이런 시간 여행을 할 수 있을까? 아인슈타인은 특수 상대성 이론을 통해 '시공간[*]'을 구부릴 수 있다면 시간 여행도 가능하다.'는 사실을 밝혀냈다. 하지만 안타깝게도, 현재의 과학 기술로는 시공간을 구부리는 것은 불가능하기 때문에 아직까지는 시간 여행이 불가능하다고 한다.

시공간
보통 삼차원의 공간에 제사차원으로서 시간을 가한 사차원의 세계다.

그런데 타임머신이 없는 우리는 옛날 지구에 몇 차례의 빙하기와 간빙기가 있었고 공룡이나 매머드 같은 동물도 살았다는 사실을 이미 알고 있다. 사람이 오래 살아 봐야 100살이 조금 넘고, 사람들이 글로 적어 놓은 역사는 길어 봐야 5천 년이 조금 넘는데, 타임머신을 타 보지도 않은 사람들이 어떻게 지구의 나이와 1만 년 전에 살았던 공룡들의 존재를 알고 있을까?

지구의 일기장, 화석

인간이 글로 역사를 기록하기 이전에도 지구에는 수많은 생물들이 살아갔다. 공룡도 그런 생물 중에 하나라고 할 수 있다.

공룡이 어떻게 생겼는지 머릿속으로 그려 보자. 우리는 아주 쉽게 공룡의 모습을 떠올릴 수 있다. 우리는 현재 지구 어디에서도 살아 있는 공룡을 만

▲물고기 화석

▲암모나이트 화석

날 수 없다. 그럼에도 불구하고 우리가 공룡의 모습을 그릴 수 있는 것은 왜일까? 그것은 지구가 스스로 있었던 일들을 '화석'이라는 일기장에 기록해 놓았기 때문이다.

지구가 만들어졌을 때부터 약 1만 년 전까지를 지질 시대라고 하는데, 이 시기에 살던 생물체의 몸의 일부나 전체, 또는 생활의 흔적이 지층 속에 남아 있는 것을 화석이라고 한다.

동물들의 뼈, 이빨, 식물의 줄기, 잎맥에서부터 새 발자국, 공룡 발자국, 조개나 게가 퇴적물을 파고 들어간 자리 등과 같이 다양한 화석들이 있다. 그렇다면 이러한 화석은 어디에서 찾아볼 수 있을까?

공룡(dinosaur)이라는 말은 어디서 나왔을까?

공룡이라는 말은 1841년 영국의 고생물학자 리처드 오웬이 당시 알려져 있던 화석 파충류를 총칭하여 붙인 이름이다.

dinosaur는 무서울 정도로 큰 것이라는 뜻을 가진 그리스어 dinos와 도마뱀을 뜻하는 sauros가 합쳐져서 만들어진 이름이다.

▲공룡

화석이 발견되는 곳, □□의 정체!

우리 집 앞마당을 파도 화석이 나올까?
① 나온다 ② 나오지 않는다

'채석강'이라고 하면 '강'으로 끝나니까 강의 이름 중 하나라고 생각할 수 있겠지만 사실 채석강은 우리나라 전라북도 부안, 변산반도에 있는 절벽이다.

그럼 왜 이 절벽의 이름이 채석강이 되었을까? 중국에는 채석강과 같은 이름은 가진 곳이 있다. 옛날 중국 당나라 시인 이태백이 술을 마시며 배를 타고 강을 건너던 중, 강물에 뜬 달을 잡으려고 손을 뻗었다가 강물에 빠졌다는 강이 채석강이다. 그곳과 몹시 닮았기 때문에 이 절벽의 이름에 채석강이라는 이름이 붙여졌다.

그런데 우리나라 채석강은 다른 절벽의 모습과는 다른 모습을 가지고 있다. 마치 만 권의 책을 쌓아 올린 것 같은 모습을 하고 있고, 여러 가지 색이 조화를 이루고 있다. 왜 이런 모습을 하고 있는 걸까? 그것은 채석강이 지층이기 때문이다.

지층은 암석이 여러 개의 층을 이루고 있는 것을 뜻한다. 지층은 물에 의해 운반된 자갈이나 모래, 진흙 등이 바다 바닥이나 강바닥에 쌓인 채 굳어져서 만들어진다.

▲ 채석강

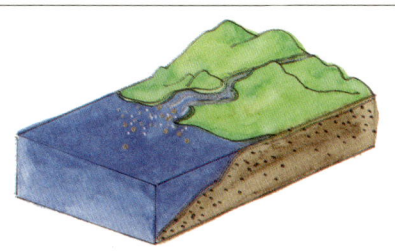

① 계곡, 강에서 진흙, 모래, 자갈이 운반된다.

② 운반되어 온 진흙, 모래, 자갈이 쌓이기 시작한다.

③ 먼저 쌓여 있던 지층이 지층 위로 흘러와 쌓이는 진흙, 모래, 자갈에 의해 눌린다.

④ 앞의 일들이 계속되면서 오랜 시간이 지나 단단한 지층이 만들어진다.

지층은 이렇게 만들어집니다!

▲지층이 만들어지는 과정

지층은 처음에는 쌓여진 순서에 따라 편평한 모습을 갖지만 지구가 지층에 강한 힘을 가하면 휘어진 모습이나 끊어진 모습으로 변하기도 한다.

지층이 쌓이는 과정에서 그 당시 살았던 생물체의 흔적이 지층에 남기도 한다. 이것이 바로 앞에서 배운 화석!

그렇다면 이러한 화석은 지층 말고, 우리 집 앞마당에서 찾아볼 수는 없을까? 내 일기를 누군가가 몰래 보는 것이 싫어서 가능한 꼭꼭 숨겨 두는 것처럼, 지구도 우리들에게 지구의 일기를 쉽게 보여 주지 않는다. 비밀을 간직하기 위해 지층이라는 비밀 장소에 꼭꼭 숨겨 둔다.

지층으로 알 수 있는 것들

맛보기 퀴즈

옆의 사진은 어떤 지역의 암석 사이에서 발견된 돌의 모습을 찍어 놓은 사진이다. 이 땅에서 이전에 무슨 일이 있었을까?

▲건열

① 땅 위에 누군가 불을 지르고 도망간 자리가 돌이 되었다.
② 이곳에 지진이 일어나서 땅이 갈라진 것이다.
③ 가뭄으로 호수 위의 물이 마르다 못해 땅까지 말라 버린 자리가 돌이 되어 버렸다.
④ 아름답게 보이기 위해 사람들이 여러 모양의 돌을 박아 놓았다.

지층은 만들어질 때 어떤 환경에서 만들어졌느냐에 따라 쌓이는 물질도 달라진다. 쌓이는 물질이 달라지면 층을 이루고 있는 알갱이의 크기와 모양, 두께, 색도 달라진다.

이렇게 달라지는 알갱이의 크기, 모양, 두께, 색 때문에 오랜 시간이 흐른 후에도 지층에 쌓인 것만 보면 이 지층이 쌓일 때 이곳이 어떤 환경이었는지, 무슨 일이 있었는지를 알 수 있다.

제일 아래 지층이 진흙처럼 알갱이가 매우 작은 것들로 이루어져 있고, 그 층의 바로 위에서는 매우 큰 자갈이나 돌맹이로 이루어져 있는 지층을 어떤 곳에서 발견했다고 하자. 가벼운 진흙은 물의 흐름이 느린 곳까지 흘러간다는 사실을 생각해 보면 지층의 제일 아래 부분이 만들어질 때 이곳은 물의 흐름이 느린 곳이었다는 것을 알 수 있다.

바로 위의 지층이 매우 큰 자갈이나 돌맹이로 이루어져 있다는 것을 보아 홍수 등으로 물의 흐름이 많아지고 빨라져서, 큰 돌맹이까지 흘러 왔다는 것을 알 수 있다.

또 이 지층 속에서 물고기 화석을 발견했다면 그곳이 지금은 육지지만 이 지층이 만들어질 당시에는 강이나 바다였다는 사실을 알 수 있다.

연흔과 건열

얕은 물밑에 있던 점토, 진흙이 수면 위로 노출되어 건조될 때 점토, 진흙이 수축하면서 생긴 틈이 그대로 굳어져 만들어진 것을 건열이라고 한다. 지층에서 건열이 발견되었다면 이 건열이 만들어진 시기에 이 지역에서는 심한 가뭄이 있었거나 물밑에 있던 땅이 어떤 이유에서든 물 밖으로 드러난 일이 있었다는 것을 말해 준다.

해안, 하천 바닥을 살펴보면 바람이나, 물의 출렁거림에 의해 만들어진 물결 모양을 볼 수 있다. 지층 중에도 이런 물결 무늬를 갖고 있는 것을 볼 수 있는데 이렇게 물결 무늬를 갖는 지층을 '연흔'이라고 부른다. 연흔이 지층에서 발견되었다면 그 지층이 만들어질 당시 그 지역이 얕은 바다나 하천이었다는 사실을 알 수 있다.

▲건열

▲연흔

화석이 말해 주는 것들

맛보기 퀴즈

오른쪽의 사진은 한 공룡의 해골이다. 이 공룡은 살아 있을 때 어떻게 살았을까? 생각나는 대로 이야기해 보자.

▲ 공룡의 해골

바로 앞에서 언급한 것처럼 화석은 지층만으로는 알기 힘든 지구의 비밀을 좀 더 정확하게 알 수 있도록 도와준다. 화석이 말해 주는 것들은 크게 네 가지가 있다. 첫 번째로 화석은 옛날에 살았던 생물의 종류가 무엇이 있었는지, 그 생물의 크기는 어떠했는지, 어떻게 생겼는지, 어떻게 살았는지에 관한 자료를 확실하게 알게 해 준다. 만약 화석이 발견되지 않았다면 공룡이 있었다는 사실도 우리는 알기 어려웠을 것이다.

두 번째로 화석을 통해 그 지층이 만들어지던 때의 지질 시대나 그때의 환경이 어땠는지를 알 수 있다. 예를 들어 공룡 화석은 중생대의 지질 시대에만 발견된다. 따라서 공룡 화석이 계속 발견된다면 그곳은 중생대에 공룡이 살 수 있던 환경이라는 것을 알 수 있다.

세 번째로 화석은 멀리 떨어져 있는 두 지역의 지층이 쌓인 순서를 알게 해 준다. 예를 들어 멀리 떨어져 있지만 지

야! 공룡이다. 잡아라!

층의 일부분이 같은 순서로 쌓여 있는 지층을 발견했다면 이 두 지층은 같은 시대에 쌓인 것이라고 추측할 수 있다. 이렇게 추측한 내용을 확실하게 만들어 주는 것이 바로 화석이다. 두 지층의 같은 층에서 똑같은 화석들이 발견된다면 이들은 같은 때에 만들진 것이다.

마지막으로 화석은 우리에게 유용한 지하자원이 있는지 알려 준다. 우리 생활 속에서 이용되고 있는 석탄, 석유, 천연가스는 많은 양의 생물체가 죽은 후 쌓여서 만들어진 화석의 한 종류다. 따라서 화석을 연구하여 지층의 시대, 환경을 알게 되면 이런 지하자원이 묻혀 있는지를 알 수 있어 생활에 사용할 수 있게 된다.

화석으로 인정받으려면!

비가 내린 운동장에 발자국을 남겼는데 이 자국이 다음날 마른 땅 위에도 남아 있었다면, 공룡 발자국도 화석이니까 내 발자국도 혹시 화석일까? 안타깝게도 운동장에 찍힌 발자국은 화석이 될 수 없다. 화석으로 인정받기 위해서는 세 가지 조건을 통과해야 하기 때문이다.

첫 번째로 화석은 오랜 시간(최소 10,000년은 지난 것)이 지난 것이어야 한다. 내 발자국은 찍고 나서 하루밖에 지나지 않았기 때문에 화석이라고 할 수 없다.

두 번째로 화석은 생물의 흔적이나 유해여야 한다. 땅속에서 신석기 시대의 돌도끼와 돌칼을

▲ 발자국

찾았다고 하자. 그럼 이것은 화석이라고 할 수 있을까? 이것은 옛날에 사람들이 사용한 생활 물품으로 유물로서의 가치는 있지만, 생물의 흔적이나 유해가 아니므로 이것을 화석이라고 할 수는 없다.

세 번째로 화석이 되기 위해서는 그 모습을 잘 보존하고 있어야 한다. 만약 생물이 주변의 미생물에 의해 분해됐거나, 다른 생물의 먹이가 돼 버렸다면 흔적을 남길 수 없다. 원래 모습을 보존하기 위해서는 곧바로 퇴적물에 묻혀 다른 생물의 먹이가 되지 않아야 하며 썩지 않아야 한다. 이렇게 되는 과정을 화석화 과정이라고 한다. 보통은 단단한 부분을 가지고 있는 생물이 화석으로 보존되기 쉬운데 때때로 나무 수액이나 얼음 등에 생물체가 갇혀 동물들의 부드러운 조직이 보존되는 경우도 있다.

몰드와 캐스트

화석 중에는 생물의 모습이 도장처럼 찍혀 있는 게 있고, 생물 자체가 돌이 된 것처럼 볼록하게 남아 있는 것도 있다.

생물의 겉모습과 똑같은 형태가 도장처럼 찍혀 있는 것을 몰드라고 하고, 돌처럼 볼록하게 남아 있는 것을 캐스트라고 한다.

▲몰드

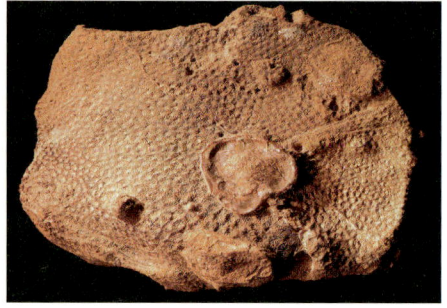

▲캐스트

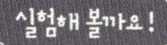

나도 고고학자

지금 쿠키 마을에 커다란 화석(초코칩)들이 발견되었다는 제보가 들어 왔다. 고고학자가 되어 초코칩 화석들을 발굴해 보자.

 준비물

초코칩 쿠키, 이쑤시개

탐구 순서

① 초코칩 쿠키와 이쑤시개를 준비한다.
② 초코칩이 박혀 있는 주변에 이쑤시개를 이용하여 조심스럽게 초코칩과 쿠키를 분리한다.
③ 초코칩에 묻어 있는 작은 쿠키 부스러기를 입김으로 살살 불어 가며 초코칩을 발굴한다.

🗒 실험 결과

모든 초코칩 쿠키에 같은 수의 초코칩이 박혀 있었는지 살펴보자.

🧴 생각 나누기

· 위의 모습은 고생물학자가 화석을 발굴하는 과정과 매우 비슷하다고 한다. 위
의 내용을 바탕으로 화석의 발굴은 어떤 과정을 거쳐서 이루어지는지 설명해
보자.

Chapter 12

속살이 굵은살
되다

속살이 굳은살 되다

▲커피 원두

퀴즈! 이것은 무엇일까?

어원은 아랍어의 '카파'로 '힘'이라는 뜻을 가지고 있으며, 독특한 맛과 향을 가지고 있다. 유럽에서는 처음에 이것을 아라비아의 와인이라고 불렀다. 우리나라에는 1985년(고종 32년)에 처음 들어왔으며 고종이 이것을 즐겨 마셨다고 한다.

무엇일까? 바로 커피다! 커피 원두는 온도, 토양 조건, 고도, 강우량 등에 따라 수확량과 품질에 많은 차이가 난다고 한다. 이러한 기준에 따라 세계 최고의 커피로 여겨지는 것들이 몇 가지 있는데 그중 하나가 '코나커피'다.

'코나커피'가 세계 최고의 커피가 된 이유는 바로 재배되는 곳의 환경 때문이다. 커피를 재배하기에 가장 좋은 화산토 지대*에서 적당한 비와 햇빛을 받으며 자란 코나커피! 코나커피를 마음껏 마시려면 어디를 찾아가야 할까? 바로 하와이를 찾아가면 된다.

화산토 지대
화산재가 넉넉하게 쌓여 있는 곳

하와이는 옆으로 길게 늘어선 모양으로 섬이 있는데, 지금도 계속해서 섬이 옆으로 늘어나고 있다. 하와이의 섬은 왜 옆으로만 계속 늘어나고 있을까?

땅이 움직인다

"땅은 떠 있다!"

이 말을 듣고 고개를 갸우뚱 할지도 모른다. 하지만 이것은 맞는 말이다. 지구의 땅(지각)은 떠 있다!

물 위에 둥둥 떠 있는 튜브의 모습처럼 지구의 땅은 떠 있다. 또한 튜브를 가만히 놔두면, 물의 흐름에 따라 움직이듯이 지구의 땅도 움직인다.

이러한 사실을 발견한 사람은 독일의 과학자 베게너이다. 어느날 그는 남아메리카의 해안선과 아프리카 해안선이 비슷하다는 사실을 발견했다. 또한 이 두 해안가에서 발굴되는 화석의 종류가 비슷하다는 것, 그리고 대서양 양쪽 대륙의 산맥과 땅이 이어진다는 것

을 알아냈다.

베게너는 이렇게 찾아낸 사실로부터 '서로 멀리 떨어진 두 대륙에서 왜 이러한 현상이 나타나는 것일까?' 궁금증을 가지게 되었다.

베게너는 곧바로 자신의 생각을 뒷받침할 증거를 찾아 나섰으며 결국 지구의 땅이 움직이기 때문이라는 것을 알았다. 하지만 베게너가 처음 "땅이 움직인다!"고 말했을 때, 사람들은 말도 안 되는 일이라고 생각했다.

그러나 베게너의 발견 후로 다른 학자들의 많은 연구를 통해 '지구의 지각은 떠 있다.'는 것과 지각은 가만히 있지 못하고 움직인다는 것을 알게 되었다.

지구의 내부 구조

지구는 워낙 단단할 뿐만 아니라 깊숙이 들어갈수록 압력도 매우 크게 증가하기 때문에 직접 파서 지구의 속을 살펴보는 것은 불가능하다. 하지만 꼭 파 보지 않더라도 알 수 있는 방법이 있다.

바로 지진파를 이용하여 알아보는 방법이다. 이는 땅속의 물질이 변할 때마다 지진파의 속도가 크게 변하는 것을 이용한 것인데 이 방법을 통해 사람들은 지구 속이 지각, 맨틀, 핵으로 이루어져 있다는 것을 알아냈다.

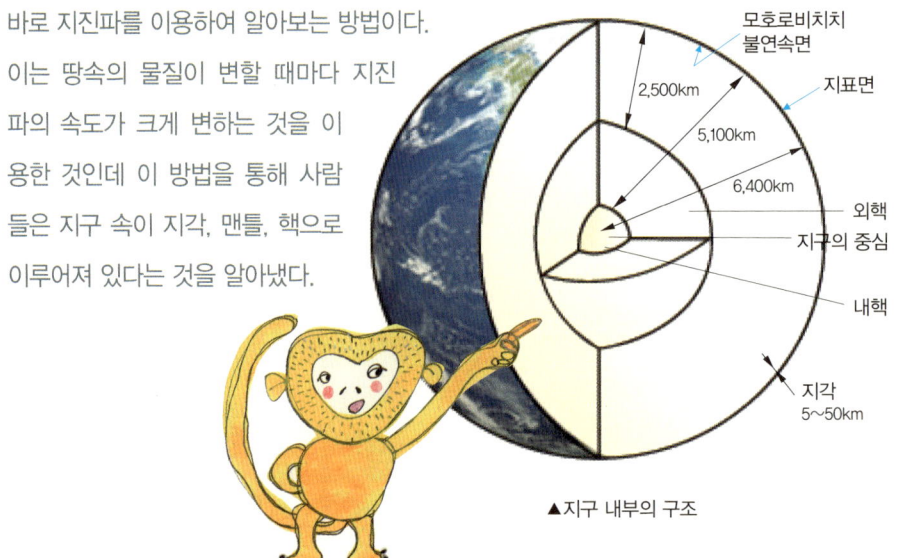

모호로비치치 불연속면
지표면
2,500km
5,100km
6,400km
외핵
지구의 중심
내핵
지각 5~50km

▲지구 내부의 구조

땅은 여러 조각이고 밀린다.

다음 지도에서 화산이 활발하게 활동할 것 같은 곳을 찾아 동그라미를 쳐 보자.

맛보기퀴즈

▲ 판의 충돌

베게너의 생각처럼 지각은 여러 개의 조각으로 나뉘어져 아주 천천히, 끊임없이 움직이고 있다. 이러한 각각의 조각을 '판'이라고 부른다.

이 판들은 서로 같은 방향으로 움직이는 것이 아니라 각기 다른 방향으로 움직인다. 그렇기 때문에 판과 판이 만나게 되는 경우가 생기는데 판과 판이 만나면 두 판 중 한 판은 밀려 올라가거나 다른 판의 아래로 내려가게 된다. 이때 충격이 발생하기 때문에 판과 판이 만나는 곳에는 지진이 발생하거나 화산이 폭발하게 된다.

위의 지도를 살펴보면 태평양판이 유라시아 판, 북아메리카 판과 맞닿아 있는 것을 알 수 있다. 태평양판은 맞닿아 있는 유라시아 판, 북아메리카 판과 충돌을 일으키는데 이렇게 충돌을 일으키는 곳에서는 화산 활동이 활발하게 일어난다.

현재 전 세계에서 활동하고 있는 화산은 약 800여 개이며, 그중 약 60%가 태평양 가장자리에 집중되어 있다. 이렇게 화산 활동이 일어나는 곳이 집중된 곳을 화산대라고 부른다. 이러한 화산대와 지진대[*]는 거의 일치하고 있다.

화산 활동과 지진이 계속해서 일어나다 보면 새로운 땅이나 산이 형성되는데 이런 곳을 조산대라고 한다. 전 세계 화산의 약 60%가 집중되어 있는 태평양에도 유라시아 판, 북아메리카 판, 태평양판이 만나서 조산대를 이루고 있다. 이처럼 태평양에 둘러싸여 화산 활동을 하는 조산대를 가리켜 환태평양 조산대라고 부른다.

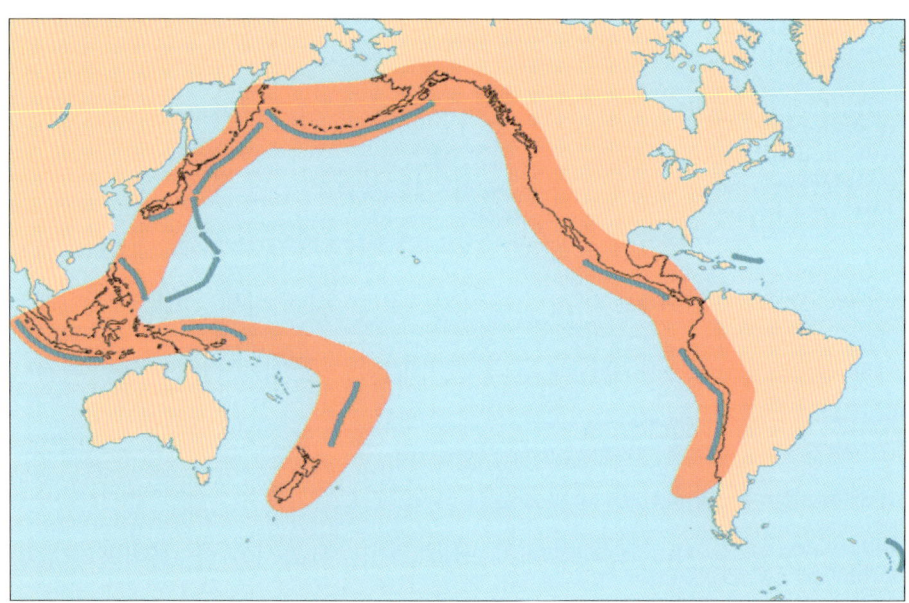

▲ 환태평양 조산대

지구 에너지 때문에 태어난 화산

지구의 겉 표면이라 할 수 있는 지각의 아래쪽에는 지구 내부의 높은 열 때문에 물질이 녹아 있다. 이렇게 땅속에 녹아 있는 물질을 마그마라고 한다.

지구 내부에서는 많은 에너지가 발생되는데 이렇게 발생된 에너지는 지구 내부에 축적되기도 하지만 지각의 약한 부분을 뚫고 나오기도 한다. 지구 내부에서 발생된 에너지가 마그마와 함께 나오는 경우가 있는데 이것을 화산 활동이라고 하고 화산 활동으로 만들어진 산을 화산이라고 한다.

마그마가 화산 활동을 통해 지구 표면으로 나오게 되면 마그마가 담고 있던 많은 기체들을 공기 중으로 내보내게 되는데 이렇게 기체가 나가고 난 나머지의 액체를 용암이라고 부른다. 화산과 지표에 나온 용암은 다양한 흔적을 남기게 된다.

하와이는 열점 위에 만들어진 섬이다

화산섬은 화산 활동에 의해 만들어진 섬이다. 보통은 한 번의 화산 활동을 통해 하나의 섬이 만들어지는 것이 일반적이지만 하와이는 한 번의 화산 활동 후, 멈추지 않고 계속적인 화산 활동이 일어나서 생긴 섬이다. 따라서 하와이는 하나의 섬인 아닌 여러 개의 섬으로 이루어져 있다. 이처럼 화산활동이 계속되는 것은 태평양판의 열점이 하와이 아래에 있기 때문이다.

열점이란 마그마가 계속해서 분출하는 지점으로, 이곳을 중심으로 양쪽 방향으로 판이 계속해서 움직여 나간다. 이 때문에 열점에서 만들어진 화산은 계속해서 열점의 양쪽 옆으로 밀려나게 되었고, 하와이의 섬들은 열점을 중심

▲ 하와이

으로 옆으로 길게 늘어서 있게 되었다. 하와이의 각 섬은 만들어진 시기에 차이가 있으며 현재도 하와이 주변에서는 화산 활동이 일어나고 있다.

산들도 머리 스타일이 다르네!

맛보기 퀴즈

천지, 백록담의 사진이다. 천지, 백록담은 화산 정상에서 발견된다는 공통점이 있지만, 차이점도 있다고 한다. 이 둘의 차이점은 무엇일까?

▲천지

▲백록담

산봉우리만 보고 그 산이 화산인지 아닌지 알 수 있을까? 화산은 일반적인 산과 다른 봉우리의 모습을 갖고 있다. 일반적인 산은 삿갓을 엎어 놓은 것처럼 뾰족한 모양이지만 화산 활동을 해서 마그마가 분출했던 화산은 봉우리가 움푹 패여 있는 것을 볼 수 있다. 이렇게 움푹 패여 있는 봉우리를 화구라고 부른다.

또 한라산 백록담과 백두산 천지처럼 어떤 화산은 화구에 물이 고여 있는 것을 볼 수 있는데 그렇다면 백록담과 천지는 같을까? 백록담과 같은 형태의 연못은 '화구호'라고 하는데, 백두

산을 오르자!

산 천지는 '화구호'라 하지 않고 '칼데라호'라고 부른다. 왜 같은 웅덩이인데 부르는 것이 다를까?

그것은 백록담과 천지가 만들어진 원인이 다르기 때문이다. 화산 활동 시 마그마가 분출되던 곳을 화구라고 하는데, 화구에 수증기가 식어 물이 고인 것은 화구호라고 하지만 화구가 그대로 있지 못하고 무너져 내려, 더 큰 웅덩이가 만들어진 것은 칼데라호라고 부른다.

또 화산 활동으로 이루어진 산들도 제주도에서는 다양한 모양으로 되어 있다. 제주도의 산방산과 한라산의 모양을 살펴보면 이 두 산은 마그마가 터져서 만들어진 '화산'이지만 다른 모습을 하고 있다. 이것은 터진 마그마의 성질이 다르기 때문인데 산방산은 화산이다. 잘 쌓이는 성질을 가진 마그마가 터져서 만들어진 것으로 경사가 급한 형태의 종상 화산의 모양을 하고 있다.

그러나 한라산의 가장자리는 완만한 언덕이지만 정상 부근에서는 급한 경사를 이루고 있다 왜냐하면 한라산은 처음에 잘 흘러내리는 성질을 가진 마그마가 터져서 만들어진 순상 화산이었는데, 잘 쌓이는 성질의 마그마가 다시 한 번 터지는 바람에 순상 화산과 종상 화산을 모두 갖고 있게 된 것이다. 이런 두 가지 모양의 화산이 함께 있는 화산을 성층 화산이라고 부른다.

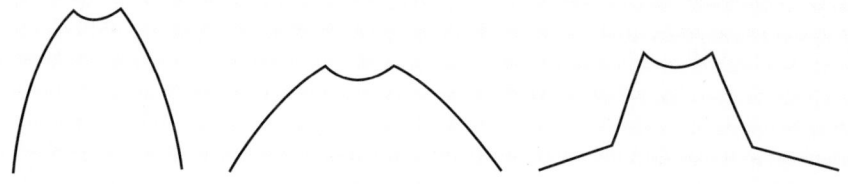

▲종상 화산, 순상 화산, 성층 화산

비양도

제주도의 정확한 나이는 몇 살일까? 아무리 머리를 굴려도 정확한 나이를 알기 어렵다.

그런데 정확한 나이를 알 수 있는 섬이 하나 있다. 바로 '날아온 섬'이라는 뜻의 제주도 협재 해수욕장 바로 앞에 있는 섬, 비양도다.

▲비양도

비양도는 2009년 현재 1,007세다. 이렇게 나이를 알 수 있는 까닭은 《신증동국여지승람》이라는 책에 비양도의 화산 활동에 대한 기록이 있기 때문이다. 때는 고려 시대인 1002년(목종 5년) 6월로 '제주 해역 한가운데에서 산이 솟아 나왔는데, 산꼭대기에서 4개의 구멍이 뚫리고 닷새 동안 붉은 물이 흘러나온 뒤 그 물이 엉키어 기와가 되었다.'는 기록이 쓰여 있다. 이때 비양도가 탄생했다는 사실을 알 수 있다.

화산 분출의 추억

맛보기퀴즈

용암이 흘러가다 나무를 만나면 어떻게 될까?

① 용암에 녹아 흔적도 없이 사라진다.

② 용암이 나무를 피해서 다른 길로 지나갈 것이다.

③ 용암 때문에 나무에 불이 붙을 것이다.

④ 용암이 나무를 지나가고 나무가 있던 흔적을 남길 것이다.

나의 어렸을 때의 모습을 보고 싶으면 어떻게 해야 할까? 부모님이 모아 둔 앨범을 한 장 한 장 들춰 보면 나의 역사를 알 수 있다. 나의 역사는 사진이 말해 주듯이, 화산 활동의 역사는 제주도 곳곳에서 발견할 수 있다.

⦿**용암동굴** : 뜨거운 죽이나 카레가 식어 가는 모습을 관찰해 보자. 뜨거운 죽이나 카레를 가만히 두면 표면에 얇은 막이 생긴다. 하지만 수저나 국자로 휘저어 보면, 그 속은 여전히 원래의 모습을 갖고 있다는 것을 알 수 있다.

▲용암동굴 내부에서 볼 수 있는 용암이 흘러간 자국

죽이나 카레와 마찬가지로 화산에 의해 분출된 용암도 겉은 식어서 돌이 되지만, 속은 여전히 액체이다. 액체인 용암은 식어 있는 용암 밑으로 흘러가 버리고, 결국 텅 비어 있는 공간이 만들어지는데 이것이 바로 용암 동굴이다. 제주도의 만장굴, 협재굴, 쌍용굴 등이 바로 이렇게 만들어진 용암 동굴이다.

⦿**오름** : 화산 활동이 일어난 후 분화구가 막히게 되면 미처 분출하지 못한 마그마가 주변의 작은 구멍으로 뿜어져 나오는 경우가 있다. 이렇게 해서 만들어진 화산은 '큰 동물에 기생하여 사는 동물과 같다.'고 하여 기생 화산

이라고 부른다. 다른 말로 오름이라
고도 한다.

한라산의 주위에는 수많은 기생
화산이 있는데, 그 수는 360개가 넘
는다고 한다.

▲오름

◉**주상 절리** : 바다로 둘러싸인 제주도에서 화산 활동이 일어나면 당연히
용암은 바다로 흘러간다. 이렇게 바다로 흘러간 용암은 찬 바닷물을 만나면
서 빠른 속도로 식게 된다. 이렇게 식은 용암은 멋들어진 주상 절리(지삿개)
를 만든다.

주상 절리(지삿개)가 만들어지는 과정은 다음과 같다. 바닷물과 만난 용암
은 급격하게 식으면서 부피가 줄어든다. 이 때문에 용암의 표면은 가뭄에 논
바닥이 쩍쩍 갈라지듯 갈라진다. 이 갈라진 틈 사이로 들어간 바닷물이 내부
의 용암들도 식히면서 더욱더 깊은
틈을 만든다. 이 과정에 따라 식은
용암은 거대한 기둥들이 모인 듯한
형태가 되는데, 세월이 지나 이 기둥
이 물위로 모습을 드러내면서 오늘
날 주상 절리의 모습을 보여 준다.

▲주상 절리를 위에서 찍은 모습

◉**용암 수형** : 용암 수형은 화산이 폭발할 때 분출된 용암이 나무를 만났을

때 생긴 흔적이다. 용암은 나무를 감싼 후 굳어지는데, 이때 나무는 높은 열에 의해 연소되고, 그 자리에 나무 껍질 무늬의 형태가 남게 된다. 이것이 바로 용암 수형이다!

▲용암 수형

부석

돌을 물속에 넣으면 어떻게 될까? 당연히 가라앉을 거라고 생각하는 사람이 많을 것이다. 하지만 세상의 모든 돌이 물에 가라앉는 것은 아니다. 화산 활동에 의해 만들어진 돌 중에는 물에 뜨는 돌, 부석이 있다.

부석은 어떤 원리로 만들어질까? 우리가 간식거리로 자주 먹는 뻥튀기를 떠올려 보자. 뻥튀기는 사실 쌀로 만들어진다. 쌀 한 톨이 뻥튀기 기계에 들어가면 '뻥' 하는 소리와 함께 먹기 좋은 크기로 부풀어 오른다.

부석도 뻥튀기와 같은 원리로 만들어진다. 용암이 지하에서 지표로 갑자기 나오면, 압력이 갑자기 낮아지는데 이때 돌멩이가 뻥튀기처럼 부풀어지면서 부석이 만들어진다. 현무암 중의 일부가 이런 성질을 갖는다고 한다.

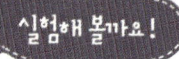 실험해 볼까요!

미니 화산 만들기

크레파스와 석고분말 등을 활용하여 화산을 만들어 보자.

 준비물

크레파스 1조각(빨간색), 실, 나무젓가락, 석고분말, 컵, 핫플레이트, 비커, 초, 물, 가위

실험 과정

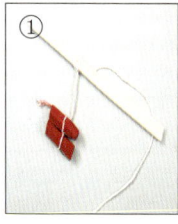 

① 초를 입힌 실의 한쪽 끝에 크레파스를 묶고 다른 한쪽은 나무 젓가락으로 묶는다.

② ①을 종이컵에 올려 놓는다. 이때 나무 젓가락과 이은 크레파스의 실이 컵의 바닥에 닿지 않도록 한다.

③ 물에 갠 석고분말을 ②의 컵에 크레파스가 잠길 정도로 넣고 굳을 때까지 기다린다.(석고분말의 안쪽까지 녹을 수 있도록 하루 정도 놓아두는 것이 좋다.)

④ 석고분말 밖으로 나온 실을 석고분말에 가능한 가깝게 가위로 잘라 준다.

⑤ 물을 담은 비커에 ④의 컵을 담는다. ④를 중탕으로 가열하면서 핫플레이트에 올려놓고 변화를 살펴보자.

🗒 실험 결과

중탕으로 가열하다 보면, 빨간 크레파스가 녹으면서 빨간 액체가 석고분말 사이로 올라오게 된다.

🧪 생각 나누기

· 핫플레이트에 올려놓은 컵에는 어떠한 변화가 있는지 살펴보자.

· 흘러나온 크레파스는 왜 올라오게 된 것일까?

· 흘러나온 크레파스와 석고는 실제 지구의 무엇이라고 할 수 있을까?

더 좋은 실험을 위한 tip

· 중탕을 할 때, 종이컵을 찢어버린 후 석고덩어리만을 이용하여 실험하면 더욱 빠른 실험 결과를 얻을 수 있다.

· 중탕을 위한 그릇으로 비커 대신 못 쓰게 된 냄비를 사용해도 좋다.

환경보전홍보대상 사진 부문 가장 수상작 12쪽/위키피디아 20쪽, 77쪽, 99쪽, 110쪽, 128쪽, 131쪽, 137쪽, 142쪽, 146쪽, 164쪽, 168쪽, 171쪽, 172쪽, 174쪽, 178쪽/Ciwir 20쪽/Thermos 20쪽/안압 뤼센나르 21쪽/빈센트 반고흐 34쪽/Krdan 34쪽/NASA 13쪽, 36쪽, 37쪽,62쪽, 63쪽, 116쪽, 119쪽, 122쪽/윤증선생고택 44쪽, 46쪽, 53쪽/교육과학기술부 47쪽, 64쪽, 66쪽, 101쪽, 157쪽/ZenKimchi 49쪽/WhiteNight7 49쪽/jetalone 49쪽/Prince Roy 49쪽/연합뉴스 61쪽, 124쪽/Andrew Dunn 69쪽/박선영 74쪽/PJ 77쪽/Remi Cormier 77쪽/Alvesgaspar 82쪽/카니아 뉴스 85쪽/de:Benutzer Janekpfeifer 86쪽/World-MYSTERIES.com 92쪽/Alkivar 100쪽/Aney 100쪽/KMJ 101쪽/Christian Taube 101쪽/Wing-Chi Poon 107쪽/Oliver Kurmis 108쪽/Oikos-team 109쪽/Athol Mullen 112쪽/Philipp Salzgeber 129쪽, 138쪽/SALT 137쪽/Piccolo Namek 146쪽/Thomas Pusch 150쪽, 151쪽/Nightscream 151쪽/SNP 155쪽/Richard wheeler 155쪽/글로벌세계대백과156쪽/Daniel Mayer 160쪽/Onflirstwhols 161쪽/Shizhao 174쪽/제주도자연사박물관 177쪽, 179쪽

한언의 사명선언문

Since 3rd day of January, 1998

Our Mission – 우리는 새로운 지식을 창출, 전파하여 전 인류가 이를 공유케 함으로써 인류문화의 발전과 행복에 이바지한다.

– 우리는 끊임없이 학습하는 조직으로서 자신과 조직의 발전을 위해 쉼없이 노력하며, 궁극적으로는 세계적 콘텐츠 그룹을 지향한다.

– 우리는 정신적, 물질적으로 최고 수준의 복지를 실현하기 위해 노력하며, 명실공히 초일류 사원들의 집합체로서 부끄럼없이 행동한다.

Our Vision 한언은 콘텐츠 기업의 선도적 성공모델이 된다.

저희 한언인들은 위와 같은 사명을 항상 가슴 속에 간직하고
좋은 책을 만들기 위해 최선을 다하고 있습니다.
독자 여러분의 아낌없는 충고와 격려를 부탁드립니다.
• 한언 가족 •

HanEon´s Mission statement

Our Mission – • We create and broadcast new knowledge for the advancement and happiness of the whole human race.

– • We do our best to improve ourselves and the organization, with the ultimate goal of striving to be the best content group in the world.

– • We try to realize the highest quality of welfare system in both mental and physical ways and we behave in a manner that reflects our mission as proud members of HanEon Community.

Our Vision HanEon will be the leading Success Model of the content group.